Heinrich Petersen

DIE BÜGELFALTE

Die Baureihe E 10 der Deutschen Bundesbahn

transpress

Einbandgestaltung: Sven Rauert

Titelbild:
Die verkehrsrote 110 484 zieht einen RegionalExpress am
8. Mai 2008 bei Stuttgart-Untertürkheim in Richtung Stuttgart Hbf.
Foto: M. Dostal

Seite 1:
Mit dem geschobenen Wendezug RE 14146 hat die 110 487 am
20. Mai 2009 Emden Hbf erreicht.
Foto: M. Dostal

Rückseite: E 10 102 steht Anfang Februar 1957 im AW München-Freimann zur Abnahme durch die Deutsche Bundesbahn bereit.
Foto: Slg. C.-J. Jacobson

Bildnachweis:
Die zur Illustration dieses Buches verwendeten Aufnahmen stammen – wenn nichts anderes vermerkt ist – vom Verfasser.

ISBN 978-3-613-71723-7

1. Auflage 2024

Sie finden uns im Internet unter www.transpress.de

Lektor: Hartmut Lange
Innengestaltung und Repro: grafik+design Erlewein
Druck und Bindung: DZS GRAFIK d.o.o, 1210 Ljubljana, Slovenia
Printed in Slovenia

Hohe Felsen bilden den Hintergrund für den mit der 110 349 bespannten D 2254, der am 20. August 1987 den kleinen Moselort Hatzenport passiert. | *Foto: M. Dostal*

INHALT

An den Paraden zum 150. Jubiläum der Eisenbahn in Deutschland im Jahr 1985 war die extra dafür aufgearbeitete 110 348 beteiligt. Sie hatte einen Autoreisezug mit Schlaf- und Liegewagen am Haken. | *Foto: C.-J. Jacobson*

VORWORT

Zwischen 1960 und 1970 beherrschten die dunkelblauen Elloks der Baureihe E 10 unangefochten den Schnellzugverkehr auf den elektrifizierten Strecken der Deutschen Bundesbahn.

Drei Maschinen der Baureihe 110 warten am 12. Juni 1983 im Bw Stuttgart auf weitere Einsätze. Gut sind die drei Bauformen: Kastenaufbau mit Einzellampen (110 117, rechts), Kastenaufbau mit Doppellampen (110 133, links) und Bügelfalte (110 403, Mitte) zu unterscheiden. | *Foto: M. Dostal*

Die Anfänge der Baureihe E 10 liegen in den frühen 1950er-Jahren. Schon damals hatte die Bundesbahn mit der Entwicklung einer neuen elektrischen Lokomotive begonnen. Sie war Ausgangspunkt für eine ganze Fahrzeugfamilie, die langfristig den Dampfbetrieb ablösen sollte. Zunächst wurden fünf Prototypen mit unterschiedlichen mechanischen und elektrischen Komponenten abgeliefert. E 10 001 bis E 10 005 durchliefen zahlreiche Untersuchungen, die in vier Baureihen mündeten: E 10 für den Schnellzugdienst, E 40 für den Personenzug- und leichten Güterzugdienst, E 41 für den leichten Güterzugdienst sowie E 50 für den schweren Güterzugdienst.

1957 begann die Lieferung der Serien-E 10, die im März 1969 mit 110 510 endete. Das Einsatzgebiet der Loks erweiterte sich mit fortschreitender Elektrifizierung stetig vom Süden Deutschlands bis nach Flensburg. Durch die Vereinigung beider deutscher Staaten kamen die E 10 auch auf den Gleisen der Deutschen Reichsbahn in der ehemaligen DDR zum Einsatz. Wegen der langen Fertigungszeit blieben Änderungen an den Loks nicht aus. So bekamen sie ab der 1960 gebauten E 10 216 Doppellampen mit getrenntem Weiß- und Rotlicht. Zuvor waren die Schlusslampen in das Gehäuse der weißen Lichter integriert gewesen. Die Lüftergitter mit ihren waagerechten Lamellen wurden durch Mehrfach-Düsenlüftergitter mit senkrechten Lamellen ersetzt. Die auffälligsten Unterschiede der ab 1962 gebauten »Rheingold«-Loks zu den Vorgängern bestanden im neu gestalteten windschnittigeren Lokomotivkasten und der blau/cremefarbenen Lackierung. Ein durchgehendes Lüfterband verlieh den sogenannten »Bügelfalten«-Loks ein dynamischeres Aussehen. Neben der Aerodynamik sollte diese Form auch den Wiedererkennungswert der E 10 als Lok für den hochwertigen Reisezugdienst steigern. Später behielt man diese Form bei und beschaffte nur noch die »Bügelfalten«-Variante.

1963 entstanden mit den E 10 299 und E 10 300 zwei besondere Loks: Sie wurden als Erprobungsträger für die 200 km/h schnelle E 03 herangezogen. Bei Testfahrten zwischen Bamberg und Forchheim erreichte E 10 300 am 22. Mai 1963 als erste Lokomotive der Deutschen Bundesbahn die Höchstgeschwindigkeit von 200 km/h.

Mit der Beschaffung der Baureihe 103 begann der Stern der Baureihen 110 und 112, wie die Loks seit 1968 hießen, zu sinken. Viele hochwertige Leistungen wurden nun von den schnellen Sechsachsern erbracht. Mit der Einführung des InterCity-Systems Ende der 1970er-Jahre folgte ein weiterer Einschnitt im Betriebsdienst. Zur gleichen Zeit begann die Beschaffung der Nachfolge-Baureihe 111, die die Baureihe 110 weiter verdrängte.

Mitte der 1980er-Jahre hatte sich der Zustand der Loks wegen ihres Alters so weit verschlechtert, dass die Höchstgeschwindigkeit einzelner Loks auf 140 km/h oder gar 120 km/h verringert werden musste. Erst durch einen groß angelegten Drehgestelltausch mit Loks der Baureihe 140 konnten die langsamen Loks der Baureihe 110 wieder mit ihrer ursprünglichen Höchstgeschwindigkeit eingesetzt werden. Dafür wurden allerdings Loks der Baureihe 110, die Drehgestelle der Baureihe 140 bekamen, in die Baureihe 139 umgebaut.

Durch die Umstellung des hochwertigen Schnellverkehrs auf den ICE und die Baureihe 101 verlor die Baureihe 110 weitere Leistungen im hochwertigen Dienst. Sie wanderte mehr und mehr in den Regional- und Nahverkehr ab, für den einige Loks mit einer Wendezugsteuerung ausgerüstet wurden. Doch auch hier tauchte jüngere Konkurrenz auf. Mit den Baureihen 143 und 146 kamen zahlreiche leistungsfähige Maschinen zu DB Regio, die die Baureihe 110 problemlos ersetzen konnten. Zudem stehen für den Regionalverkehr moderne Elektrotriebwagen bereit. Ab 2005 kamen dreißig E 10 von DB Regio zu DB AutoZug. Als Baureihe 115 waren sie vor hochwertigen InterCity- und Nachtzügen anzutreffen.

Inzwischen sind alle Maschinen bei der Deutschen Bahn AG aus dem Bestand ausgeschieden. Allerdings haben es einige von ihnen zu anderen Bahngesellschaften geschafft, die die Loks zur Freude von Eisenbahnfotografen in unterschiedlichen Lackierungen – auch in den Farben der Deutschen Bundesbahn – durch nahezu ganz Deutschland schicken.

Der vorliegende Band, dessen Vorgänger 2012 in der Reihe »Lok-Legenden« erschien, beleuchtet Geschichte, Technik und Einsatz von den Prototypen bis zu den wenigen Loks, die heute noch in Betrieb sind. Zahlreiche Aufnahmen zeigen die Maschinen in typischen Einsätzen aber auch vor besonderen Zügen in ganz Deutschland. Ein Statistikteil mit den wichtigsten Daten rundet das Buch ab. Für die Neuauflage wurde das Buch überarbeitet, aktualisiert und erweitert.
An dieser Stelle möchte ich mich bei zahlreichen Eisenbahnfreunden bedanken, die mir ihre Archive öffneten. Sie stellten mir so viele sehenswerte Aufnahmen zur Verfügung, dass sich die Auswahl als sehr schwierig herausstellte und zu meinem Bedauern viele gute Bilder keinen Platz mehr in diesem Buch fanden.

Heinrich Petersen

1 ENTWICKLUNG DER BAUREIHE E 10

Für die in den 1950er-Jahren zunehmend elektrifizierten Strecken benötigte die Deutsche Bundesbahn neue elektrische Lokomotiven für alle Aufgabenbereiche. Für den schnellen Verkehr entstand dabei die Baureihe E 10.

Vergleichsaufnahme der 1953 gebauten Vorserienlokomotive E 10 002 mit der 1936 gebauten E 18 24 am 28. Mai 1954 im Bw München Hbf. | *Foto: Dr. G. Scheingraber (Eisenbahnstiftung)*

Wichtige Vorgänger für die E 10 waren die Drehgestell-Lokomotiven der Baureihe E 44. Zwei von ihnen stehen in Form von 144 071 und 144 057 am 6. November 1982 im Bw Stuttgart. | *Foto: M. Dostal*

1.1 Gesucht: Neue Loks

Schon vor dem Beginn des Zweiten Weltkriegs beschäftigte sich die Deutsche Reichsbahn mit einer Nachfolgerin für die bewährte Mehrzweck-Ellok der Baureihe E 44. Sie sollte als E 46 mit 2.500 kW stärker und mit einer Höchstgeschwindigkeit von 110 km/h auch schneller als die E 44 sein. Schließlich wurden jedoch die Baureihen E 44 und E 94 als kriegswichtig eingestuft und als Kriegselloks KEL 1 und KEL 2 in großen Stückzahlen gebaut. Das Projekt E 46 wurde vorerst nicht weiterverfolgt.

Nach dem Ende des Zweiten Weltkriegs war Deutschlands Eisenbahnnetz in weiten Teilen schwer beschädigt oder zerstört. Die vier Besatzungsmächte hatten zunächst eigene Pläne für das weitere Schicksal des Landes. Bei der Eisenbahn mussten Trümmer beseitigt und notdürftige Reparaturen ausgeführt werden, damit der Zugverkehr allmählich wieder in Gang kommen konnte. Alles verfügbare Rollmaterial wurde eingesetzt, um möglichst viele Züge verkehren zu lassen. Die Hauptlast der Traktion lag bei den Dampflokomotiven. Die noch vorhandenen betriebsbereiten Schnelltriebwagen und hochwer-

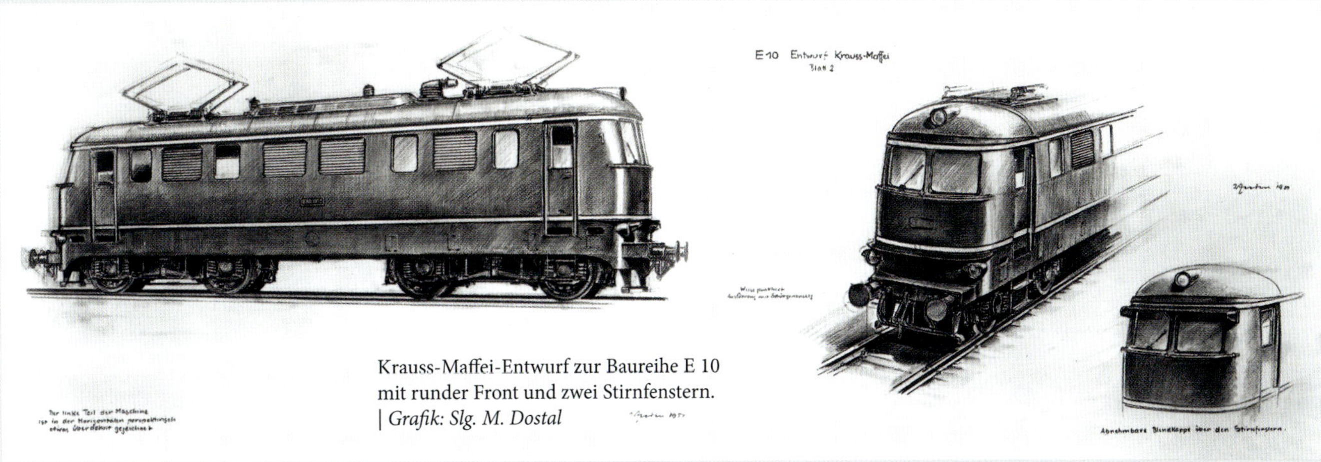

Krauss-Maffei-Entwurf zur Baureihe E 10 mit runder Front und zwei Stirnfenstern. | *Grafik: Slg. M. Dostal*

Lokkasten der E 10 001 mit den markanten großen Stirnlampen unter dem Umlauf. | *Foto: Slg. M. Dostal*

tigen Reisezugwagen der Vorkriegszeit waren den alliierten Besatzungsmächten vorbehalten, die sie zu eigenen Sonderzwecken nutzen. Der öffentliche Verkehr musste mit unkomfortableren Fahrzeugen abgewickelt werden.

Im Mai 1945 ging es aber schon wieder elektrisch von München nach Garmisch-Partenkirchen und im Juni 1945 durchgehend von München nach Stuttgart bzw. Kornwestheim. 1946 nahm die Bahn mit dem L 11/12 »Nord-Express« zwischen Paris und Berlin wieder eine gehobene Fernzugverbindung in ihren Fahrplan auf. Kurz darauf richtete sie unter der Bezeichnung FD 191/192 eine Verbindung zwischen Hannover und Kopenhagen ein, mit der die FD-Züge wieder eingeführt wurden. 1948 fasste man den Entschluss, die Strecke Nürnberg–Regensburg zu elektrifizieren.

1950 fiel die Entscheidung, weitere 6.000 Streckenkilometer mit Fahrdraht zu überspannen. Den Engpass bei den elektrischen Lokomotiven überwand man zunächst durch den Nachbau bewährter Baureihen.

So gelangten bis 1955 Maschinen der Baureihen E 18, E 44 und E 94 in den Bestand. Außer fabrikneuen Loks handelte es sich auch um Maschinen, die im Tausch gegen Dampflokersatzteile von der Deutschen Reichsbahn der DDR auf die Deutsche Bundesbahn übergingen.

1.2 Aus der E 46 wird die E 10

Es war aber abzusehen, dass sich die Lücken mit den Vorkriegsbaureihen auf Dauer nicht schließen ließen. Vor allem für Schnellzüge mit hohen Geschwindigkeiten konnten diese Baureihen nicht überzeugen. Die E 44 war nicht für höhere Geschwindigkeiten ausgelegt und die E 18 war mit ihrem starren Fahrwerk mit Federtopfantrieb und den beiden Laufachsen nicht mehr auf dem Stand der Zeit.

Man griff deshalb den Entwurf der E 46 wieder auf und aktualisierte ihn. Schon während der Planungen entschied die Bundesbahn, eine Höchstgeschwindigkeit von 130 km/h zu fordern und die Maschinen als Schnellzugloks einzuordnen. Dies hatte die Umzeichnung in die Baureihe E 10 zur Folge. Bei den Vorgaben für die Ausschreibung ließ die DB viele Details offen, damit die Hersteller unterschiedliche Entwürfe liefern konnten. Die Bahn forderte aber eine vierachsige Maschine mit zwei Drehgestellen, die unter anderem 700 t schwere Schnellzüge auf einer Steigung von 10 Promille mit einer Geschwindigkeit von 90 km/h befördern sollte.

Für 900 t schwere Güterzüge waren bei der gleichen Steigung immerhin noch 60 km/h vorgesehen. Neu war die Vorgabe, dass der durchgehende Brückenrahmen Zug- und Stoßkräfte übertragen musste.

Damit verließ man die bei der E 44 genutzte Konstruktion, bei der die beiden Drehgestelle durch eine Kupplung verbunden sind, sodass die Kräfte über die Drehgestelle übertragen werden und der Brückenrahmen dabei unbelastet bleibt.

1949 bekamen die Lokomotivfabriken Henschel in Kassel, Jung in Jungenthal, Krupp in Essen, Krauss-Maffei in München und die Maschinenfabrik Esslingen den Auftrag, Prototypen für die Baureihe E 10 zu entwickeln. Die Ausarbeitung der elektrischen Ausrüstung ging an die AEG in Berlin, BBC in Mannheim und SSW in Berlin. Die Entwürfe mussten bis Mitte April 1950 beim Eisenbahn-Zentralamt (EZA) eingereicht werden.

Ursprünglich waren nur vier Prototypen vorgesehen, für die im November 1950 der Auftrag erteilt wurde: Krauss-Maffei und AEG lieferten die E 10 001 mit Niederspannungssteuerung und Alsthom-Gelenkstangenantrieb. Die E 10 002 mit Hochspannungssteuerung und BBC-Scheibenantrieb kam von Krupp und BBC. Die E 10 003 mit Niederspannungssteuerung und SSW-Gummiringfederantrieb stammte von Henschel und SSW. Für die E 10 004 mit Hochspannungssteuerung und Sécheron-Lamellenantrieb zeichneten Henschel und BBC/AEG verantwortlich. Alle Loks hatten eine SSW-Vielfachsteuerung für Doppeltraktionen und den Einsatz vor Wendezügen. Schon einen Monat nach dieser Bestellung orderte die Bahn eine der E 10 004 baugleiche Maschine, die E 10 005. Sie sollte direkt im Plandienst eingesetzt werden, während die übrigen vier Loks für Tests und Erprobungen vorgesehen waren.

Die Industrie lieferte zwischen August 1952 (E 10 001) und März 1953 (E 10 005) die fünf Prototypen. Sie bekamen zwischen Dezember 1952 (E 10 003) und September 1953 (E 10 004) ihre Zulassung von der Deutschen Bundesbahn.

Erste Fahrversuche der fertigen E 10 001. Sie war der Urahn aller »Einheits-Elloks« der Baureihen E 10, E 40, E 41 und E 50, von denen die Deutsche Bundesbahn bis 1973 zusammen knapp 2.000 Exemplare beschaffte. | *Foto: Slg. M. Dostal*

Seitenansicht der E 10 001 der Deutschen Bundesbahn. Lokseite ohne Seitenfenster.
| *Zeichnung: G. Bahr*

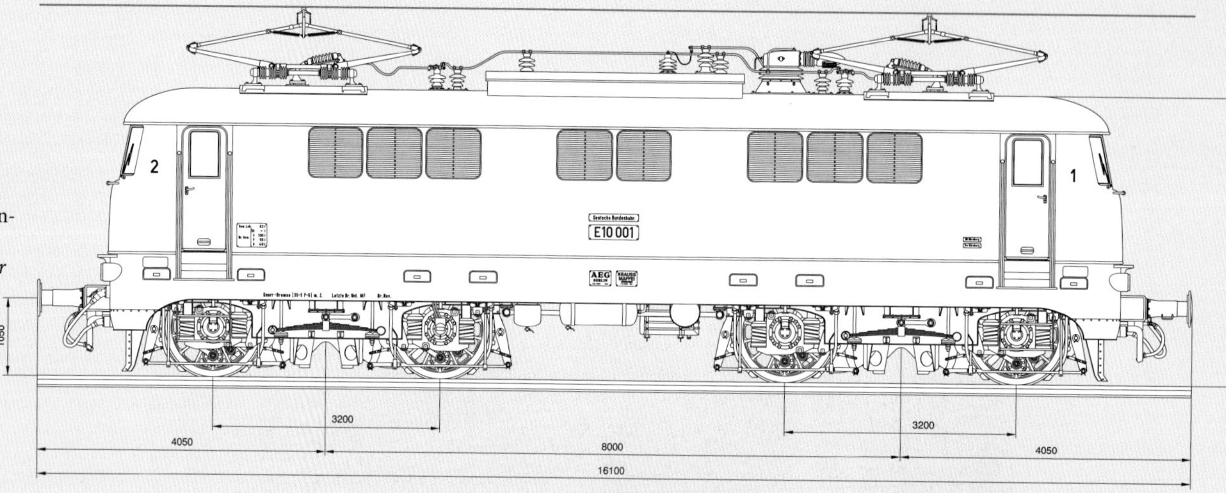

1 Stromabnehmer
2 Druckluftschnellschalter
3 Transformator
3a Überspannungsableiter
4 Stufenschalter
5 Überschaltwiderstand
6 Ölpumpe für Antriebsmotor
7 Ölkühler
8 Lüfter für Ölkühler
9 Fahrmotoren
10 Wendepolwiderstände für Fahrmotoren
11 Lüfter für Fahrmotoren
12 Antriebsmotor für Fahrmotorlüfter
13 Richtungswender
14 Apparategerüst I
15 Apparategerüst II
16 Luftpumpe mit Motor
17 Fahrschalter
18 Führertisch mit Kleinschaltern und Messinstrumenten
19 Führerstandheizung
20 Lichtschalttafel
21 Kollektorklappen
22 Handantrieb für Stufenschalter
23 Kochnische
24 Klappbett

Die E 10 002 war eine weitere Vorauslokomotive. Ihr mechanischer Teil kam von Krupp, der elektrische von BBC. Sie wurde am 29. April 1953 beim Bw München Hbf in Dienst gestellt und hat am 4. Juni 1959 Nürnberg Hbf erreicht.
| *Foto: J. Claus (Eisenbahnstiftung)*

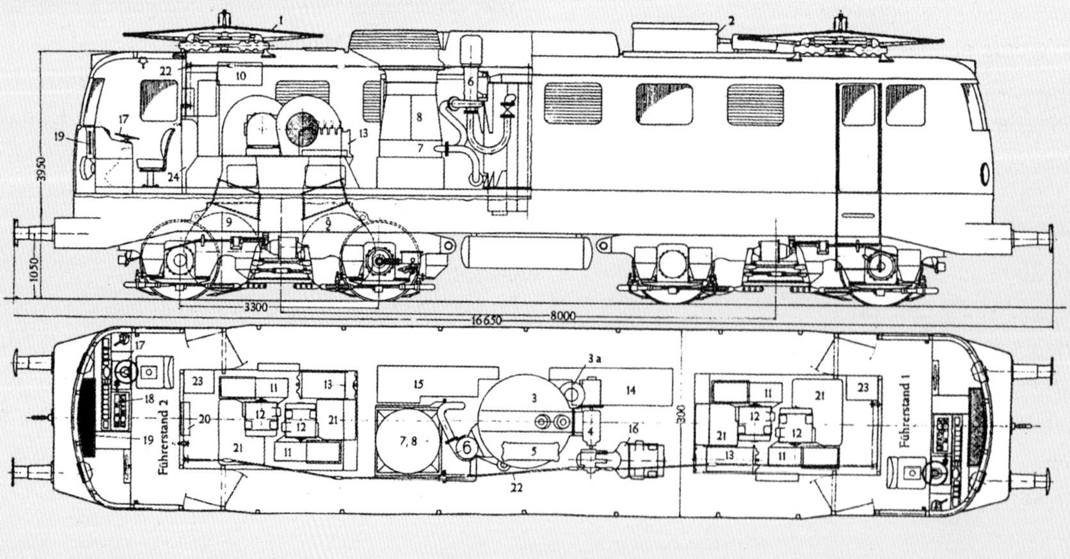

Seitenriss und Anordnung der Aggregate der E 10 002.
| *Zeichnung: Slg. M. Dostal*

Die E 10 003 wurde von Henschel (mechanischer Teil) und SSW (elektrischer Teil) geliefert. Sie bekam einen Siemens Gummiringfeder-Antrieb und wurde am 10. Dezember 1952 beim Bw Nürnberg Hbf in Dienst gestellt. | *Foto: Slg. M. Dostal*

1.3 Die Einheits-Elloks

Schon bevor die Bundesbahn die Vorserien-E 10 bestellte, zeichnete sich ab, dass aufgrund neuer Elektrifizierungen und der Ablösung bzw. Verstärkung des alten Ellok-Bestands auch Lokomotiven für den Personen- und Güterzugdienst benötigt wurden. Deshalb wurde ein entsprechendes Typenprogramm erarbeitet. Das 1954 verabschiedete Programm umfasste vier Baureihen, die auf den fünf Vorserien-E 10 basierten. Außer der Schnellzuglok E 10 wurde eine Güterzuglok für Flachlandstrecken, die E 40 entwickelt. Für leichte Züge war die E 41 vorgesehen und für schwere Züge auf steigungsreichen Strecken hatte man die sechsachsige E 50 im Programm. Unter der Baureihenbezeichnung E 01 hätte eine sechsachsige Schnellzuglok mit einer Höchstgeschwindigkeit von 160 km/h bis 180 km/h entstehen sollen. Dieses Projekt ließ man aber zunächst wieder fallen. Es war nämlich vorgesehen, selbst wichtige Strecken nur für eine Höchstgeschwindigkeit von 140 km/h auszubauen, die auch mit den Dieselloks der Baureihe V 200 und den Dampfloks der Baureihe 01^{10} erreicht werden konnte. Von einer ursprünglich vorgesehenen zwei- bzw. dreiachsigen elektrischen Rangierlok nahmen die Planer ebenfalls Abstand.

Die Bauformen von E 10, E 40, E 41 und E 50 unterscheiden sich in erster Linie durch die Drehgestelle – die E 50 ist sechsachsig, alle anderen Baureihen vierachsig –, die Kastenlänge und die Getriebe. Ansonsten legte man großen Wert auf möglichst gleiche Bauteile und Baugruppen, um Kosten für die Entwicklung, den Bau und die Lagerhaltung zu sparen. Außerdem mussten sich die Lokführer wegen des einheitlichen Führerstands nicht umgewöhnen, wenn sie zwischen den Baureihen hin und her wechselten. Die Baureihen E 10 und E 40 sind mit Ausnahme der Getriebeübersetzung und der Bremse nahezu

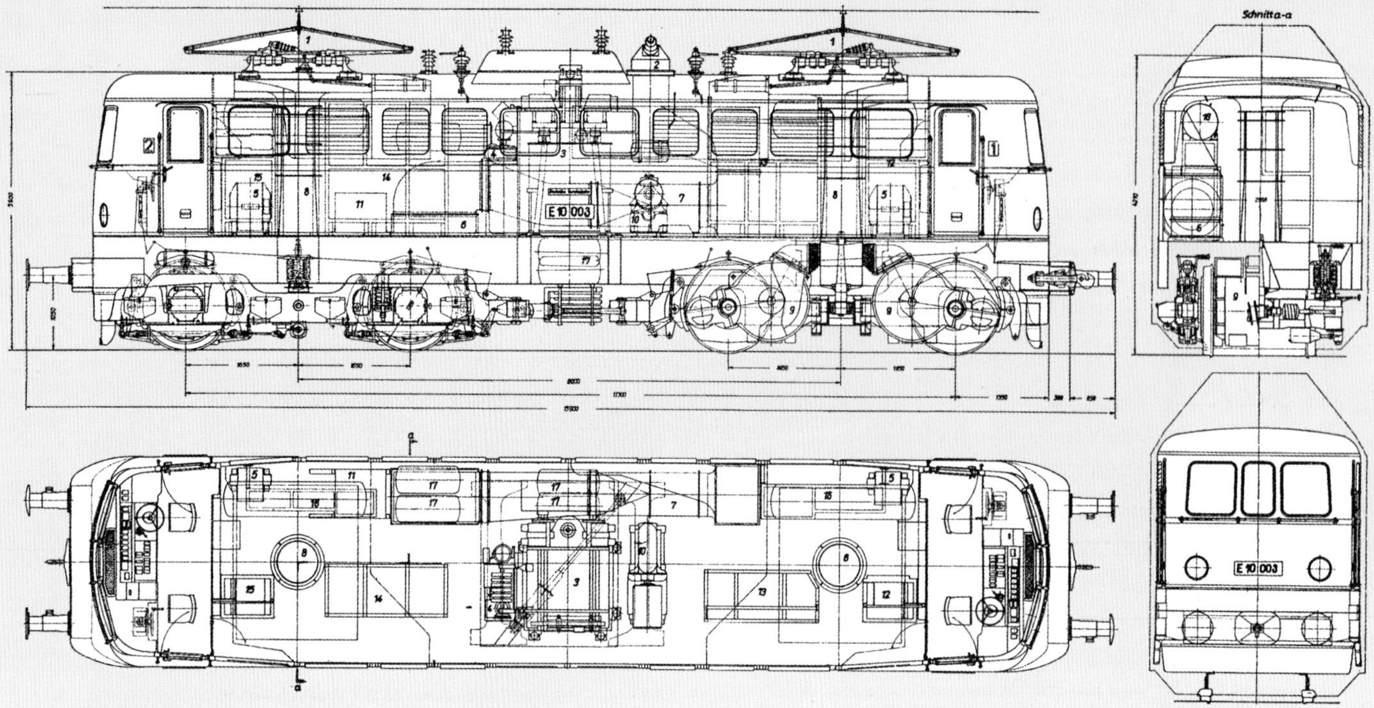

oben: Seitenriss und Anordnung der Aggregate der E 10 003

unten: Seitenriss und Anordnung der Aggregate der E 10 004
| *Zeichnungen: Slg. M. Dostal*

1 Stromabnehmer
2 Expansionsschalter
3 Hauptumspanner
4 Antrieb des Schaltwerks
5 Zusatzumspanner
6 Ölkühler
7 Lüfter für Ölkühler
8 Vertikallüfter für Fahrmotoren
9 Fahrmotoren
10 Motorluftpumpe
11 Batterie
12 – 15 Gerüste für elektrische Geräte
16 Hauptluftbehälter
17 Hilfsluftbehälter

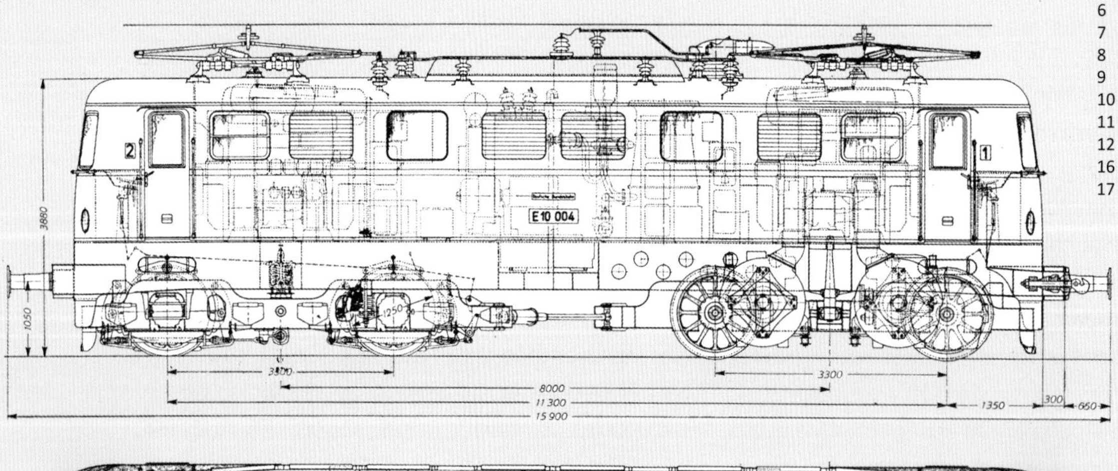

baugleich. Für die Konstruktion dieser beiden Baureihen waren Krauss-Maffei und SSW verantwortlich. Der Auftrag für die E 41 ging an Henschel und BBC, die E 50 wurde an Krupp und AEG vergeben. Äußerlich unterscheiden sich die Serienloks deutlich von den Prototypen. So entschied man sich wie bei der E 10 001 für zwei große Frontfenster statt der drei kleineren bei den anderen Prototypen. Bei der E 10 und der E 40 sind die seitlichen Lüfter symmetrisch zum mittigen Seitenfenster angeordnet.

Der erste Auftrag für die Beschaffung der Einheitselloks ging im Sommer 1954 an Henschel, Krupp, AEG und BBC. Die DB bestellte Loks der Baureihen E 41 und E 50. Dabei wurden die E 50 001 bis E 50 025 noch mit einfachem Tatzlager-Antrieb geliefert. Ab der E 50 026 kam der in allen Einheitselloks verwendete SSW-Gummiringfederantrieb zum Einbau.

Im Oktober desselben Jahres wurde der Auftrag über die ersten 31 Lokomotiven der Baureihe E 10 vergeben, der bald auf 69 Lokomotiven aufgestockt wurde. Zu den ersten Lieferanten gehörten Krauss-Maffei in München, Krupp in Essen, Henschel in Kassel, SSW in Berlin, AEG in Berlin und BBC in Mannheim. Mit dem immer größer werdenden elektrifizierten Streckennetz stieg der Bedarf an den hier vorgestellten Schnellzugloks, sodass die Bahn weitere Bauserien orderte. Am 10. März 1969 stellte die Bahn mit der 110 509 ihre letzte 110 – wie die Loks seit Anfang 1968 hießen – in Dienst.

Damit war der Bedarf an Schnellzugloks im Geschwindigkeitsbereich bis 150 km/h zwar noch immer nicht gedeckt, die Konstruktion der 110 war aber inzwischen fast 25 Jahre alt und entsprach trotz zahlreicher Verbesserungen nicht mehr dem Stand der Zeit. Die DB beschloss deshalb, auf der Grundlage der 110 eine neue Baureihe entwickeln zu lassen. Wichtige Neuerungen waren die Drehgestelle, die Inneneinrichtung der Führerhäuser und des Maschinenraums sowie die direkte Zuführung der Kühlluft zu den elektrischen Ausrüstungen. Im Januar 1975 trat mit 111 001 die erste Nachfolgerin der 110 ihren Dienst an.

1.4 Für hohes Tempo: Die »Bügelfalte« entsteht

Technische Entwicklungen während der langen Bauzeit und die ersten Erfahrungen mit bereits eingesetzten E 10 führten zu zahlreichen Veränderungen während und nach der Lieferung der Loks.

Die Maschinen E 10 101 bis E 10 215 wurden in der ursprünglich geplanten Ausführung abgeliefert. Sie hatten drei große Stirnlampen. Die roten Zugschlusssignale waren bei ihnen in die beiden unteren Stirnlampen integriert. Sie ließen sich vom Führerstand aus bedienen, sodass das Personal nicht mehr wie bisher rote Abblendgläser vor die weißen Lampen stecken oder klappen musste.

Die Lüftergitter der Bauart »Schweiger« waren in die Seitenwände eingelassen, hatten abgerundete Ecken und waagerechte Lamellen. Das Fenster in der Mitte der Seitenwand konnte geöffnet werden. Unter den Stirnfenstern war eine durchgehende Griffstange montiert. An der Farbtrennung zwischen Kasten und Rahmen verlief an den Stirnseiten ein durchgehender Auftritt. Eine Dachrinne trennte das silberfarbene Dach vom blauen Kasten.

Bei den E 10 216 bis E 10 287 wurden die unteren Einzellampen durch Doppellampen ersetzt. Die weißen Spitzenlichter (unten) und die roten Schlusslichter (oben) hatten nun getrennte Reflektoren. Allerdings wurden zahlreiche Maschinen mit Einzellampen im Laufe ihres Einsatzes – meist bei Unfallreparaturen – mit Doppellampen ausgestattet, teilweise sogar nur auf einer Seite. So gehören beispielweise die E 10 110, 120, 123 bis 125, 128, 156 bis 160, 162, 164, 176, 182, 186, 187, 190, 193, 196, 197, 207 und 215 zu den Maschinen mit unterschiedlichen Lampen.

Die Lüfter mit den waagerechten Lamellen wurden durch Mehrfach-Düsenlüftergitter mit senkrechten Lamellen ersetzt. Bei ihnen sind die Lamellen in Doppelreihen hintereinander angeordnet. Ablenkbleche verhindern das Eindringen von Schmutz und Wasser in den Maschinenraum. Hinter den Lüftern sind Filter montiert, die den feinen Staub aufnehmen. Während der Beschaffung dieser Maschinen stellte die Deutsche Bundesbahn 1962 den neuen »Rheingold« auf die Schiene, der an die Tradition des legendären Schnellzuges aus der Vorkriegszeit anknüpfen sollte. Deshalb beschaffte sie für den neuen Prestigezug neue, klimatisierte Reisezugwagen, die an Komfort und Bequemlichkeit alle bisherigen Wagen überboten. Für diesen Zug benötigte die Bahn eine 160 km/h schnelle Ellok. Die Wahl fiel auf die E 10, aus der eine Variante für höhere Geschwindigkeiten abgeleitet werden sollte. Weil bis zur Einführung des Zugs diese neue Loktype nicht fertiggestellt werden konnte, wurden die Loks E 10 239 bis 244 aus der laufenden Serie herausgenommen und durch Änderungen an den Getrieben für 160 km/h ertüchtigt. Die Loks bekamen die Nummern E 10 1239 bis E 10 1244 und den zweifarbigen, blau/cremefarbenen Anstrich der Rheingold-Wagen.

Zwischen Oktober 1962 und März 1963 wurden die für den Rheingold vorgesehenen E 10 1265 bis E 10 1270 geliefert. Äußerlich unterschieden sie sich durch ihren neuen, windschnittigen Lokkasten von den Vorgängerinnen. Der senkrechte Knick in der Mitte des Führerstands brachte den Loks später den Namen »Bügelfalten«-E 10 ein. Aber nicht nur die Bügelfalte, sondern auch geschlossene Frontschürzen, die die Puffer miteinschlossen, ein durchgehendes Lüfterband und natürlich die zweifarbige Lackierung machten die Lok zu einer der elegantesten Erscheinungen bei der DB. Nach der Ablieferung dieser Maschinen wurden die E 10 1239 bis E 10 1244 wieder

Die E 10 004 und die nachträgliche bestellte E 10 005 waren baugleich. Während eine Lok zu Untersuchungen genutzt wurde, sollten mit der Anderen erste Erfahrungen im Plandienst gesammelt werden. | *Foto: C.-J. Jacobson*

Mitte der 1950er-Jahre war der Bau der E 10 in vollem Gange. Gleichzeitig wurden aber auch die Baureihen E 40, E 41 und E 50 produziert. | *Foto: Slg. C.-J. Jacobson*

in die 150 km/h schnelle Ausführung zurückgebaut und bekamen das blaue Farbkleid der Serienloks.

Mit der Umstellung des Fernschnellzuges »Rheinpfeil« auf die neuen, komfortablen »Rheingold«-Wagen fehlten 1963 erneut schnelle Zugloks. Diesmal wurden die E 10 250 bis E 10 254 für 160 km/h umgebaut und neu lackiert. Die Loknummern blieben diesmal aber unverändert. Zwischen Oktober 1963 und Februar 1964 lösten die Bügelfalten-Loks E 10 1308 bis E 10 1312 die »Kasten«-E 10 ab. Diese wurden wieder zurückgebaut und blau lackiert. Die am 11. November 1963 von der Bundesbahn abgenommene E 10 1309 war die 1.000. Neubau-Ellok.

1.5 Die Bügelfalte ersetzt das Kastendesign

Nach den Erfahrungen mit den ersten Bügelfalten-E 10 entschied sich die Bahn, diese Kastenform auch für die langsamere Version der E 10 zu verwenden. Deshalb wurden alle Loks ab der E 10 288 in dieser Ausführung geliefert, allerdings mit blauem Kasten. Im Betrieb zeigte sich, dass es hinter den Regenrinnen verstärkt zu Rostbildung kam, weil sich hier öfter Wasser sammelte und nicht abfloss. Deshalb erhielten die Loks ab der E 10 477 statt einer durchlaufenden Dachrinne nur noch kurze Gummiprofile, die über den Stirnfenstern und den Türen aufgeklebt wurden. Das Dach bekam nun wie der Lokkasten eine blaue Lackierung. Die Dachaufbauten blieben weiterhin

Die E 10 128 entspricht der ersten Bauform der Baureihe E 10 mit Kastenaufbau und Einzellampen.
| *Foto: C. Bellingrodt*

Die E 10 127 wurde am 25. Juli 1958 in Dienst gestellt. Die in Köln-Deutzerfeld beheimatete Lok ist am 11. September 1960 im Bahnhof Köln-Deutz auf dem Weg in ihre Heimatdienststelle.
| *Foto: W. A. Reed (Eisenbahnstiftung)*

Die blaue 110 229 steht am 21. November 1982 zusammen mit ihrer Nachfolgerin in Form von 111 048 im Betriebswerk Ulm.
| *Foto: M. Dostal*

Auch zur »Bügelfalten«-Ausführung der Baureihe E 10^3 gab es Designentwürfe.
| *Foto:* Slg. M. Dostal

Bei der Montage des Lokkastens einer »Bügelfalten«-E 10 war in den 1960er-Jahren noch viel Handarbeit nötig.
| *Foto: Slg. C.-J. Jacobson*

Bei den ersten Loks der Baureihe E 10^{12} verzichtete man auf Griffe und Trittleisten an den Stirnseiten, was den Loks ein glattes Aussehen verlieh.
| *Foto: Slg. C.-J. Jacobson*

Die im Originalzustand mit Pufferverkleidung ausgerüstete E 10 377 vom Bw Hamburg-Eidelstedt pausiert im Juni 1965 im Bw Würzburg. Die Tafel neben der Führerstandstür weist auf die Internationale Verkehrsausstellung (IVA) 1965 in München hin.
| *Foto: R. Fell (Eisenbahnstiftung)*

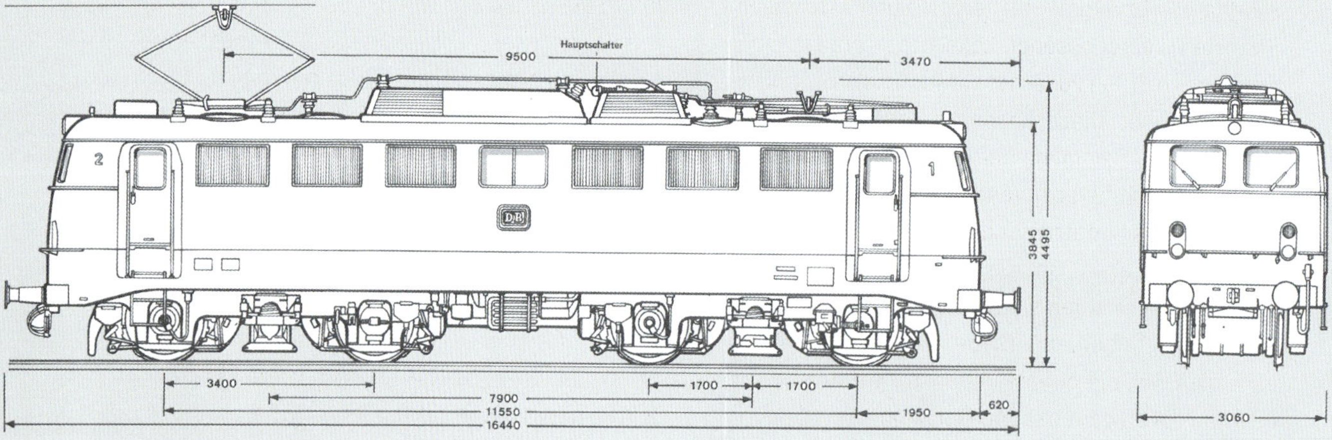

Seiten- und Stirnansicht der Baureihe E 10[1] mit Kastenaufbau.
| *Zeichnung: Slg. M. Dostal*

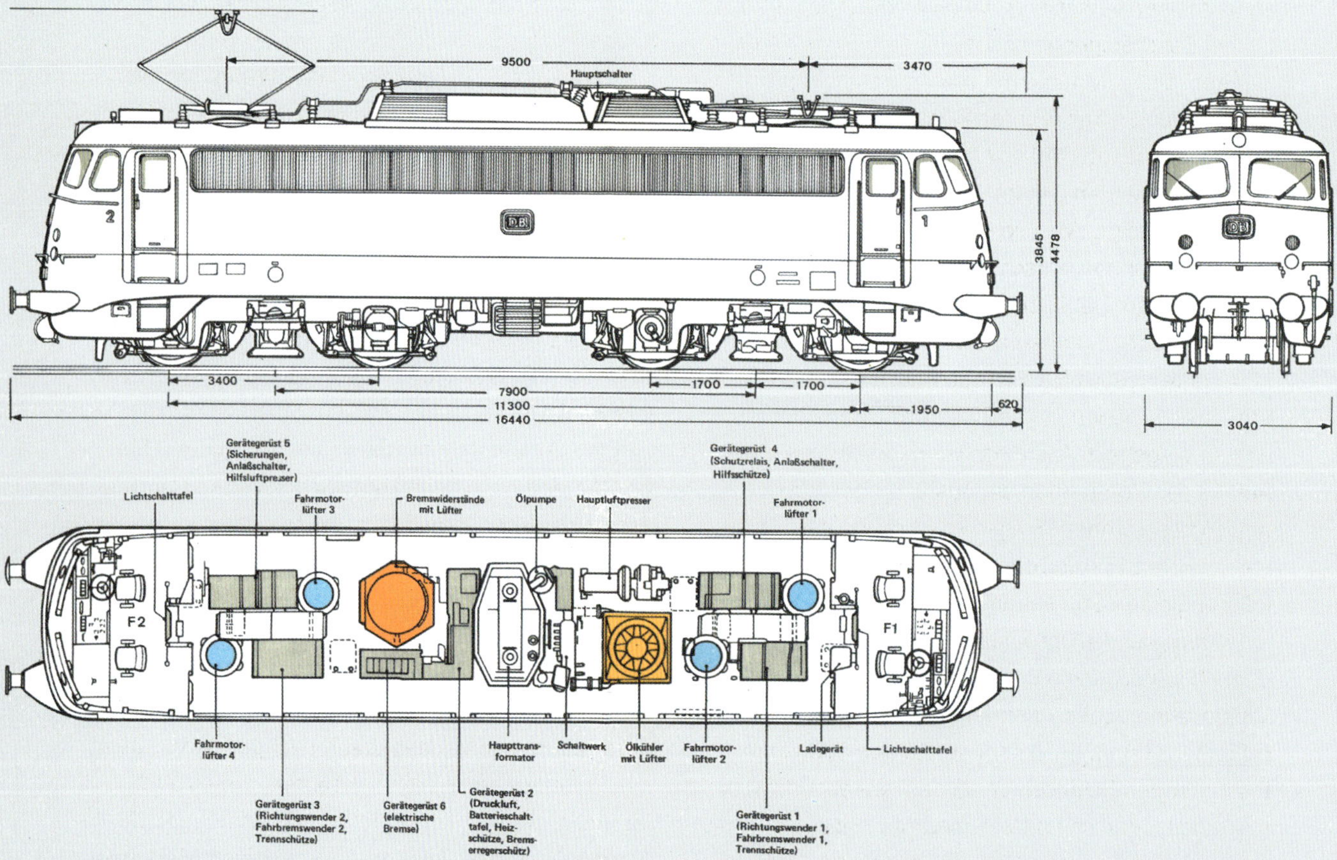

Seiten-, Stirnansicht und Anordnung der Aggregate im Maschinenraum der Baureihe E 10[3] mit »Bügelfalten«-Aufbau.
| *Zeichnung: Slg. M. Dostal*

silberfarben bzw. grau. Klebeziffern und -buchstaben ersetzten die gegossenen Lokschilder, nur die DB-Embleme wurden zunächst weiterhin als Gussschilder angebracht. Diese Änderungen erleichterten einerseits die Reinigung der Loks, andererseits ließ aber vom Dach herablaufendes Wasser die Loks schneller verschmutzen und verursachte ein oft ungepflegtes Aussehen. Um die Reinigung noch weiter zu vereinfachen, wurden später auch die Gussembleme durch Aufkleber ersetzt. Diese Maßnahmen betrafen auch die Loks, die bereits im Einsatz waren. So gab es immer weniger Loks mit Dachrinne und Gussschildern.

Weitere Besonderheiten betrafen die Bügelfalten-Loks 110 343 und 110 360. Sie wurden beim Beheben von Unfallschäden versuchsweise mit abnehmbaren Verschleißpufferbohlen ausgestattet, die bei Beschädigungen schneller getauscht werden konnten. Diese Maßnahme konnte sich aber nicht durchsetzen und es wurden keine weiteren E 10 damit ausgerüstet. 110 107 und 110 271 wurden bei Bränden in den Jahren 1973 und 1974 sehr stark beschädigt. Weil die Bahn aber nicht auf sie verzichten konnte, entschloss sie sich zu einem Wiederaufbau. Dabei bekamen die Loks Kästen mit Bügelfalte und ebenfalls Verschleißpufferbohlen.

Andere Kasten-E 10 wurden nach weniger schweren Schäden in ihrer ursprünglichen Form wieder aufgebaut. Allerdings verwendete man beim Aufbau der Frontpartien die Ausführung mit zwei getrennten Lampen. So gab es Loks aus der Serie bis zur E 10 215 mit Doppellampen an nur einer oder an beiden Stirnseiten.

Anfang der 1970er-Jahre begann die Bundesbahn damit, Frontschürzen und Pufferverkleidungen der »Bügelfalten«-Loks zu entfernen. Das hatte einen einfachen Grund: Im Winter setzte sich Schnee und Eis hinter den Schürzen ab. Zudem waren sie bei der Wartung hinderlich und verursachten in den Werkstätten zusätzliche Kosten. Allerdings verloren die Loks ohne die Schürzen und Pufferverkleidungen viel von ihrem eleganten Aussehen. Bei den zuletzt gelieferten »Bügelfalten«-Loks wurde das durchgehende Lüfterband aufgegeben und durch einzelne Lüfter mit schmalem oberem und unterem Rand ersetzt. Die Lüfter waren allerdings so lang, dass sie aneinanderstießen und so den Eindruck eines Lüfterbands vermittelten. Ab 1973 wurden schließlich bei allen Loks die alten Lüftergitter mit runden Ecken und die Lüfterbänder durch sogenannte »Klatte«-Lüfter ersetzt, die von außen montiert sind. Erhielten die »Bügelfalten«-Loks anfangs noch lange »Klatte«-Lüfter, die ein Band vortäuschten, wurden später nur noch kurze Lüfter verwendet. Im Zuge des Lüftertauschs bekamen auch »Bügelfalten«-110 ein Fenster in der Mitte der Lüfterreihe. Bei den Kasten-E 10 wurden nach und nach die zweiteiligen Schiebefenster gegen einteilige, nicht zu öffnende Maschinenraumfenster ausgetauscht.

Eine weitere Veränderung des Äußeren brachte der Austausch der alten Griffstangen und Auftritte gegen Haltegriffe und Auftritte nach UIC-Vorgaben mit sich. Allerdings gab es Loks, bei denen die alten Griffe und Tritte ganz oder nur teilweise erhalten blieben und die neuen zusätzlich angebaut wurden. So waren auch hier, wie bei allen Umbaumaßnahmen zahllose Zwischenausführungen und Kombinationen zu finden, die hier aus Platzgründen nicht alle erfasst werden können.

Eine Sonderstellung nahm die 110 335 ein. Sie war die einzige 110 mit zusätzlich nachgerüsteten Scheinwerfern neben den normalen unteren Stirnlampen. Außerdem wurde ein beweglicher Scheinwerfer hinter den Frontscheiben montiert. Während sich der Scheinwerfer auf dem Führerstand nicht bewährte, wurde der Versuch mit den unteren Scheinwerfern ausgeweitet und zahlreiche Loks anderer Baureihen wurden damit nachgerüstet. Außer den äußerlich sichtbaren Umbauten gab es auch im Innern der Loks zahlreiche Veränderungen. Sie werden im Kapitel über die konstruktiven Merkmale beschrieben.

2 DIE TECHNIK DER E 10

Die folgende Beschreibung der technischen Details beschränkt sich im Allgemeinen auf die Serienloks der Baureihe E 10. Dort, wo die Unterschiede der Vorserienmaschinen zu den Serienloks größer sind, wird besonders darauf hingewiesen.

Der Lokkasten stützt sich über Gleitplatten und Schraubenfedern auf den Drehgestellen ab.
| *Foto: M. Dostal*

2.1 Mechanischer Teil

2.1.1 Drehgestelle

Die vierachsigen Lokomotiven der Baureihe E 10 laufen auf nicht miteinander gekuppelten Drehgestellen mit je zwei angetriebenen Radsätzen. Der geschweißte Drehgestellrahmen setzt sich aus zwei Lang- und drei Querträgern zusammen. Die Hohlkörperkonstruktion mit ihren Trägern aus kastenförmig zusammengeschweißten Blechen bietet bei geringem Gewicht einen hohen Widerstand gegen Verwindungen. Auf dem mittleren Querträger liegt das Drehzapfenlager auf. Um den Abstand zwischen der Schienenoberkante und dem Drehzapfenlager und damit das Drehmoment im Drehgestell beim Anfahren möglichst gering zu halten, ist der Träger nach unten gekröpft. Durch den tief angeordneten Drehzapfen verringert sich die Entlastung des vorn laufenden Treibradsatzes. Der Drehzapfen wird je nach Bauart des Drehzapfenlagers durch Schrauben- oder durch Gummiringfedern in die Mittellage zurückgestellt.

Der Brückenrahmen liegt auf Gleiteinrichtungen, die neben den Drehzapfen außen am Drehgestellrahmen angeordnet sind. Drei ineinander gestellte Schraubenfedern und eine Gummischeibenfeder auf einer Konsole verbinden den Brückenrahmen mit dem Drehgestellrahmen. Teleskopstoßdämpfer vermindern Schaukelbewegungen des Aufbaus. Die Gleiteinrichtung liegt im Ölbad des Federgehäuses. Sie besteht aus einer am Brückenrahmen befestigten Gleitplatte aus Stahl, einer Drucklinse aus Bronze und einer Druckpfanne. Staubschutzbleche sollen das Eindringen von Schmutz zwischen die Gleitflächen aus gehärtetem Stahl verhindern. Das Federgehäuse am Drehgestell läuft in einer Führung aus Manganstahlplatten. Einlagen zwischen dem Auflager des Drehgestells und der Doppelschraubenfeder ermöglichen das Einstellen des Pufferstands.

Weil die Laufeigenschaften der Drehgestelle besonders im hohen Geschwindigkeitsbereich nicht

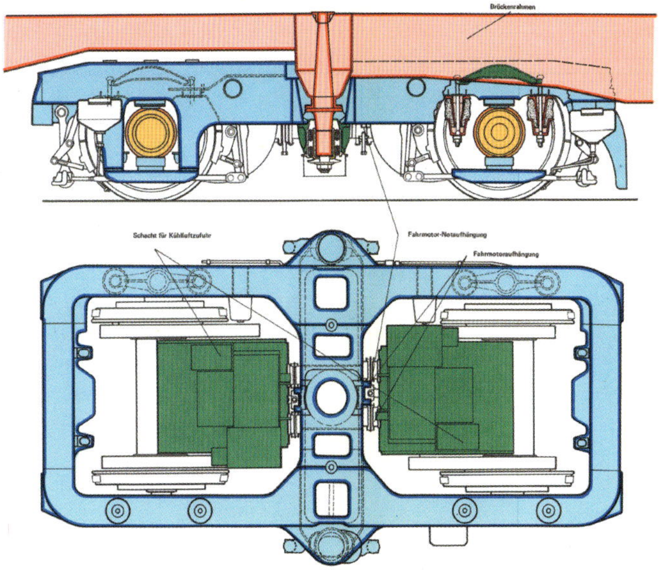

Seitenansicht und Draufsicht der Standarddrehgestelle der Baureihe E 10. | *Zeichnung: Slg. M. Dostal*

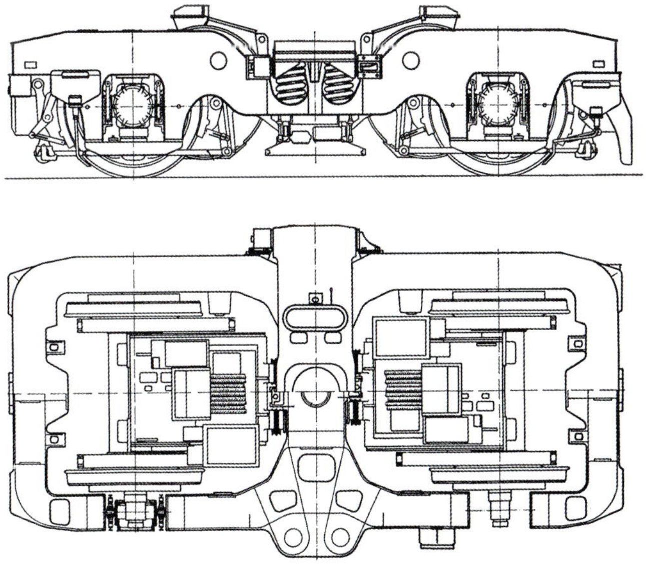

Seitenansicht und Draufsicht der Drehgestelle mit Wiegenabstützung, wie sie unter den 110 244, 112 265 bis 270 und 112 308 bis 312 verwendet wurden. | *Zeichnung: Slg. M. Dostal*

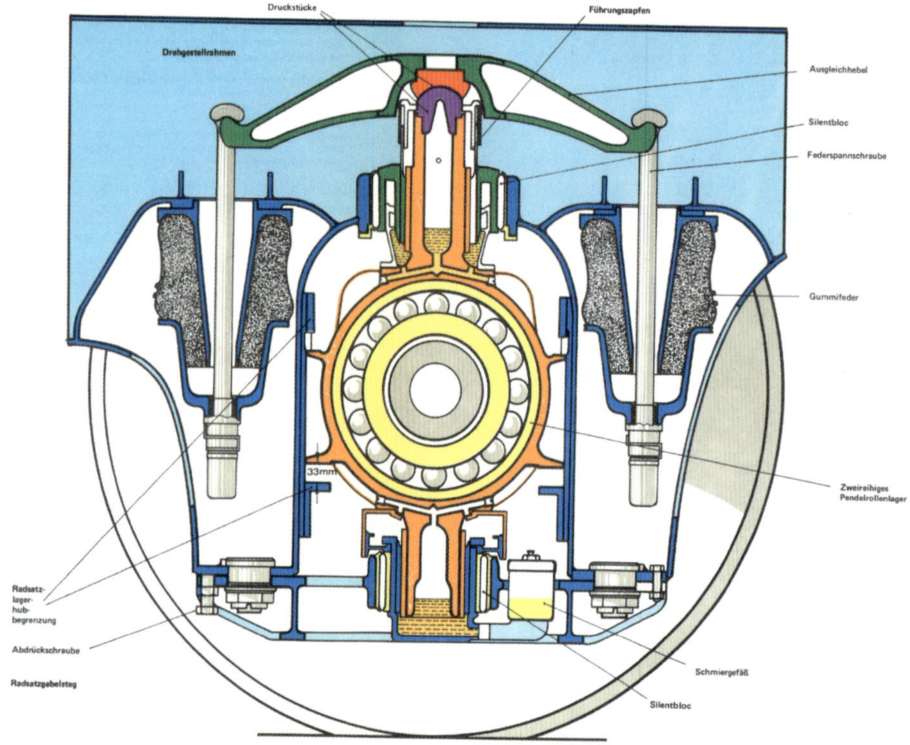

Radsatzlager mit Radsatzführung und Federung. | *Zeichnung: Slg. M. Dostal*

überzeugten, ließ die Bundesbahn neue Drehgestelle entwickeln. 1960 lieferten Krauss-Maffei und Henschel je zwei Versuchsdrehgestelle ab. Die »Henschel«-Drehgestelle kamen unter die E 10 184, die von Krauss-Maffei unter die E 10 218. Ein von Krupp unter der E 10 170 erprobtes Drehgestell konnte die Erwartungen nicht erfüllen. Die Laufeigenschaften waren wohl so schlecht, dass die Lok nur vor Güterzügen eingesetzt wurde. Ein verbessertes Drehgestell von Krauss-Maffei lief unter der E 10 108. Es hatte zwar sehr gute Laufeigenschaften, aber 1967 war die Beschaffung der Baureihe E 10 schon so weit fortgeschritten, dass ein serienmäßiger Einbau nicht mehr zustande kam. Das Drehgestell diente aber als Ausgangsbasis für die Drehgestelle der Baureihe 111.

1962 beschaffte die Bahn die ersten Loks der Unterbaureihe E 10^{12} mit dem **Drehgestell von Henschel**, das nach den Tests vorn lag. Auch bei dieser Bauart besteht der Drehgestellrahmen aus zwei kastenförmigen Langträgern und drei ebenfalls kastenförmigen Querträgern mit einem tief nach unten gezogen mittleren Querträger. Über diesem Querträger ist für die Kastenabstützung ein wiegenähnlicher Zwischenträger eingebaut. Dessen Auflager gleiten in einem Ölbad. Die Drehzapfen liegen über Gummifedern in den Drehzapfenlagern. Der Brückenrahmen stützt sich über Gleitplatten auf die wiegenähnlichen Zwischenträger ab, die an beiden Enden auf außen am Drehgestellrahmen nebeneinanderliegenden Schraubenfedern ruhen. Die Flexicoilwirkung dieser Federn erlaubt eine Verschiebung der Brückenlagerung um 20 mm in Querrichtung nach links und rechts. Außerdem übernehmen die Schraubenfedern das Rückstellen der Brückenabstützung.

Bei beiden Drehgestellbauarten werden die Radsätze nahezu spielfrei im Drehgestellrahmen geführt. Sie laufen in zweireihigen, fettgeschmierten Pendelrollenlagern, deren Führungszapfen oben im Drehgestellrahmen und unten im Achsgabelsteg in zylindrischen Buchsen gleiten. Gummibuchsen dämpfen Stoßkräfte auf die Rollenlager. Labyrinth-Abdichtungen schließen die in einem Ölbad laufenden Achslagerfüh-

Radsatzlager an der 115 114. Rechts der Vorratsbehälter für den Sand. | *Foto: Slg. M. Dostal*

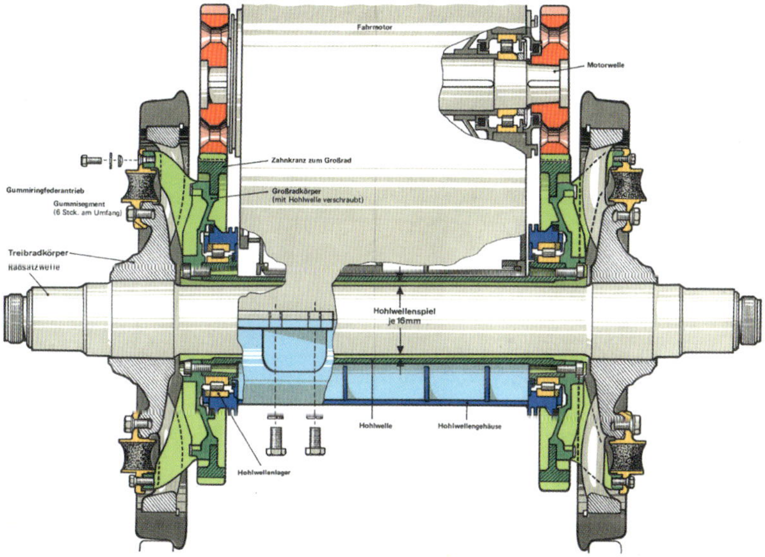

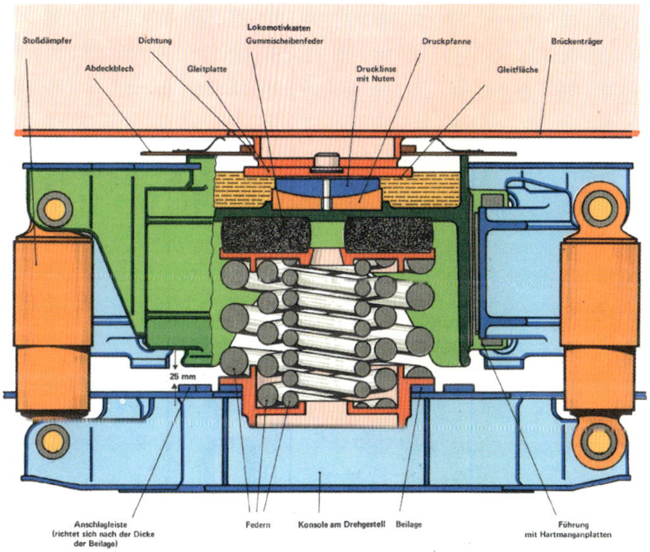

Zeichnung des Gummiringfederantriebs der Baureihe E 10. | *Zeichnung: Slg. M. Dostal*

Abstützung des Lokkastens auf den Drehgestellen über Schrauben- und Gummischeibenfedern. | *Zeichnung: Slg. M. Dostal*

Kühlschlange unter dem Rahmen zwischen den Drehgestellen der 115 114. | *Foto: M. Dostal*

rungen staubdicht ab. Die Gummifedern neben den Achslagergehäusen sind über einen Ausgleichhebel miteinander verbunden, der sich in der Mitte am Achslagergehäuse abstützt. Der Raddruck und der Pufferstand können mit Spannschrauben eingestellt werden.

Zur Erprobung neuer Drehgestelle für die Baureihe 111 waren die 110 475 bis 478 mit einer Brückenabstützung aus Flexicoil-Federn unterwegs.

Die Schleuderschutzeinrichtung soll ein Durchdrehen der Räder beim Beschleunigen der Lokomotiven verhindern. Wird der Kipptaster »Schleuderschutz« im Führerpult betätigt, strömt Druckluft in die Bremszylinder, sodass die schleudernden Radsätze abgebremst werden. Ein Druckwächter verhindert das Ansteigen des Bremszylinderdrucks über 1,25 kg/cm^2. Haften die Räder wieder auf den Schienen, kann der Triebfahrzeugführer den Kipptaster loslassen. Die Bremszylinder werden entlüftet und die Bremse gelöst.

Zusätzlich lässt sich der Haftreibungswert zwischen Rad und Schiene mit der Sandstreueinrichtung verbessern. Dies vereinfacht das Anfahren unter schwierigen Bedingungen wie beispielsweise in Steigungen, Gleisbögen oder bei nassen und glatten Schienen. Der Sand wird in Kästen mitgeführt, die am Drehgestellrahmen montiert sind. Elektrisch gesteuerte, mit Druckluft betriebene Sandstreudüsen blasen ihn bei Bedarf zwischen Radreifen und Schiene. Auch die Sandstreueinrichtung wird über einen Kippschalter im Führerpult gesteuert. Der Fahrzeugführer kann entscheiden, ob er alle Radsätze kurz oder nur der in Fahrtrichtung vorauslaufende Radsatz dauerhaft gesandet werden soll. Bei einer Not- oder Zwangsbremsung tritt die Sandstreueinrichtung ebenfalls in Aktion.

Um den Verschleiß der Spurkränze zu verringern, haben die Lokomotiven eine Spurkranzschmiereinrichtung. Eine mechanisch angetriebene oder eine elektrisch gesteuerte, druckluftbetätigte Fettpresse drückt frostbeständiges Fett in die Spritzdüsen, die es mit Druckluft auf die Spurkränze des vorauslaufenden Radsatzes spritzen.

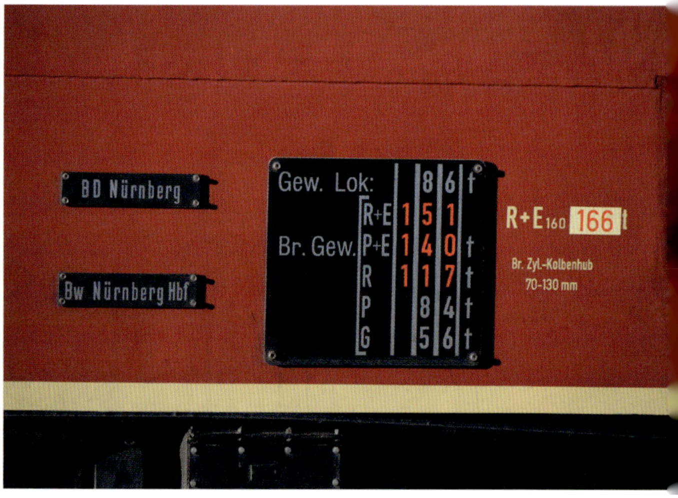

Anschriftentafeln an der E 10 1309. Das Gewicht der Lok beträgt 86 t, die Bremsgewichte variieren zwischen 166 t und 56 t. | *Foto: M. Dostal*

2.1.2 Antrieb

Die Antriebe der Vorserienloks unterschieden sich deutlich voneinander. Die E 10 001 fuhr mit dem Gelenkstangenantrieb von Alsthom. Die E 10 002 bekam den Scheibenantrieb von BBC. Die E 10 003 und auch die vorher schon für eine Höchstgeschwindigkeit von 120 km/h umgebaute E 44 038 hatten den Gummiringfederantrieb von SSW, der später für die Serienloks gewählt wurde. Die E 10 004 und die E 10 005 waren mit einem Lamellenantrieb von Sécheron ausgestattet.

Beim **Gelenkstangenantrieb** erfolgt die Kraftübertragung von den Fahrmotoren zu den Radsätzen über ein Gelenkviereck, das aus vier Lenkerstangen und der Lenkerstütze besteht – der sogenannte »Tanzende Ring«. An einem Ende greifen die Stangen über Zapfen an den Großrädern der Motoren an, am anderen Ende sind sie mit Zapfen an den Radsternen verbunden. Der Antrieb wirkt auf beide Radsterne eines Radsatzes.

Für den **Scheibenantrieb** von BBC wurde der in Kraftfahrzeugen verwendete Kardanantrieb mit zwei elastischen Scheiben weiterentwickelt. Die Bewegungen zwischen den fest im Drehgestell montierten Fahrmotoren und den beweglichen Radsätzen werden über die elastische Verformung der Kupplungsscheiben aufgenommen. Aus Platzgründen wurde die Kardanwelle bei den Loks durch den als Hohlkörper ausgeführten Läufer geführt. Die beiden Kupplungsscheiben befinden sich rechts und links des Motors. Der Scheibenantrieb wirkt nur einseitig auf einen Radsatz.

Der **Lamellenantrieb** von Sécheron entspricht weitgehend dem Scheibenantrieb von BBC. Allerdings hatte er Lamellen statt der Kupplungsscheiben.

Beim **Gummiringfederantrieb** von SSW wird das Drehmoment der Großräder über Ausleger und Gummisegmente auf Ringe übertragen, die an den Radkörper angegossen sind. Die Fahrmotoren sind auf einer Seite über Gummischubfedern im Drehgestellrahmen aufgehängt. Auf der anderen Seite stützen sie sich mit dem Hohlwellengehäuse über die Hohlwellenlager auf die Hohlwelle ab. So ruht das Gewicht des Fahrmotors je zur Hälfte über Gummischubfedern auf dem Drehgestell und über die Gummiringfeder auf der Treibachse. Die Hohlwelle umschließt die Treibachse und trägt an beiden Enden die Großradkörper mit angeschraubten, schräg verzahnten Stirn-Zahnkränzen, die in die Motorritzel eingreifen. An jedem Großrad sind sechs Ausleger montiert. Sie ragen zwischen den Speichen hindurch bis an die Außenseiten der Treibräder. Jedes der sechs Gummisegmente einer Gummiringfeder besteht aus einem Außen- und einem Innensegment. Ausleger und Gummiringfeder übertragen das Drehmoment des Motors auf die Treibachse und zentrieren zugleich die Hohlwelle federnd um die Treibachse. Die Drehelastizität der Gummielemente dämpft die Zugkraftstöße beim Weiterschalten von Stufe zu Stufe und ermöglicht so eine gute Ausnutzung der Haftwertgrenze. Durch seine Konstruktion fallen die Stoßbeanspruchungen auf den Motor wesentlich geringer aus als bei anderen Antriebsformen.

Bei Geschwindigkeiten von über 160 km/h bewährte sich der Gummiringfederantrieb von SSW aber nicht. Die für Schnellfahrten vorgesehenen E 10 299 und E 10 300 bekamen deshalb andere Antriebe. Beim **Verzweigerantrieb**, der für die E 10 299 gewählt

Bremshähne und Manometer im Führerraum der 110 144.
| *Foto: M. Dostal*

wurde, haben die Fahrmotoren an beiden Seiten Motorritzel. In diese Ritzel greifen die Großzahnräder auf den Hohlwellen. Die Großzahnradräder übertragen ihr Drehmoment über zwei Gelenkzapfen in den Ausschnitten der Treibradscheibe und zwei Lenker auf den sogenannten »Tanzenden Ring«. Von hier wird das Antriebsmoment über zwei weitere Lenker an zwei Stahlringe weitergegeben, die über Gummielemente kraftschlüssig mit dem Radsatz verbunden sind.
Der **Gummiring-Kardanantrieb** von SSW, mit dem die E 10 300 ausgestattet wurde, hat nur ein einseitiges Zahnradgetriebe. Auch hier wird das Moment über ein Motorritzel auf das am Hohlwellengehäuse

montierte Getriebegroßrad übertragen und von dort über sechs Gelenkzapfen und Lenker an den sechsarmigen Flansch einer Kardan-Hohlwelle weitergeleitet. Von hier gelangt es über einen Armstern auf das Treibrad.

2.1.3 Druckluftanlage und Bremse

Die Druckluftanlage besteht aus einem einstufigen Hilfsluftpresser mit einem Zylinder, der von einem Gleichstrommotor angetrieben wird. Bei ungenügendem Druck im Hauptluftbehälter kann er das Aufrüsten der Lokomotive unterstützen. Allerdings soll zum Aufrüsten bevorzugt der Sonderluftbehälter verwendet werden. Dessen Inhalt reicht im Normalfall aus, um bei zu geringem Hauptluftbehälterdruck einen Stromabnehmer anzuheben und den Hauptschalter einzuschalten.

Der zweistufige Hauptluftpresser Bauart VV 224 oder W 450/150 liefert Druckluft für die Druckluftbremse und für sonstige mit Druckluft betriebene Einrichtungen. Der Hauptluftpresser wird von einem Einphasen-Wechselstrom-Kommutatormotor über ein Stirnradgetriebe angetrieben. Die Luft wird über zwei Filter aus dem Maschinenraum angesaugt. Nachdem sie in der Niederdruckstufe des Luftpressers vorverdichtet wurde, passiert sie einen außen liegenden Rohrkühler, der in der Mitte der rechten Lokseite unter am Rahmen hängend montiert ist. Danach wird sie über einen Ölabscheider, den Hauptluftbehältern und von dort der Hochdruckstufe des Luftpressers zugeführt. Zwischen Ölabscheider und Hauptluftpresser befindet sich ein Sicherheitsventil.

Wegen ihrer zulässigen Höchstgeschwindigkeit von 150 km/h haben die Lokomotiven eine Einkammer-Druckluftbremse der Bauart Knorr für schnell fahrende Fahrzeuge. Über ein einlösiges Steuerventil wird das Bremsen ausgelöst. An einem Umstellhahn kann der Lokführer die Stellungen G(üterzug), P(ersonenzug) oder R(eisezug = Schnellzug) wählen. Die geschwindigkeitsabhängige Bremsdruckregelung verringert beim Abbremsen aus höheren Geschwindigkeiten den Bremszylinderdruck von bis zu bis 8 kg/cm^2 bei 60 km/h den Druck auf etwa 4 kg/cm^2, damit sich die Räder nicht festbremsen und die Lok nicht anfängt zu rutschen.

Zu den Bauteilen der Bremse gehören das selbstregelnde Führerbremsventil Bauart D 5 mit angebautem elektrischem Bremssteller, das einlösige Steuerventil der Bauart Knorr V 5 mit Hilfsluftbehälter und Vorsteuerbehälter, der Umstellhahn G-P-R zwischen dem Steuerventil und dem Vorsteuerbehälter, der Druckübersetzer, der Vorratsluftbehälter für die Bremszylinderdruckluft, der Achslagerbremsdruckregler am Achslager 2 links, die Bremszylinder, das Bremsgestänge mit Doppelbremsklötzen Bgu mit beiderseitiger Wirkung auf die Räder.

Außerdem haben die E 10 eine Druckluft-Zusatzbremse, eine Feststellbremse in jedem Führerraum und eine Notbremse. Die Feststellbremse arretiert über ein Handrad den vorderen Radsatz im darunter liegenden Drehgestell.

2.1.4 Aufbau

Die Schweißkonstruktion des selbsttragenden Brückenrahmens besteht aus den beiden seitlichen Langträgern und drei Querträgern. Kopfstücke an beiden Enden tragen Zug- und Stoßvorrichtungen in Regelausführung mit Schraubenkupplung und Hülsenpuffern. Bei später gebauten Loks wurde der Rahmen so geändert, dass eine automatische Mittelpufferkupplung eingebaut werden kann. An den beiden äußeren kastenförmigen Drehzapfen-Querträgern des Brückenrahmens sind die Drehzapfen mit einem Flansch befestigt. Über dem mittleren Querträger steht der Transformator. Um das Kuppeln und Entkuppeln in Gleisbögen zu erleichtern, hatten einige Kasten-E 10 sowie die »Rheingold«- und »Rheinpfeil«-Loks einen pneumatischen Zughakenvorschub, der es dem Triebfahrzeugführer ermöglichte, den Zughaken um 6 cm aus dem Rahmen herausfahren. Außerdem sollte die Einrichtung das Andrücken der Lok beim Kuppeln und Entkuppeln vermeiden und so die Fahrmotoren

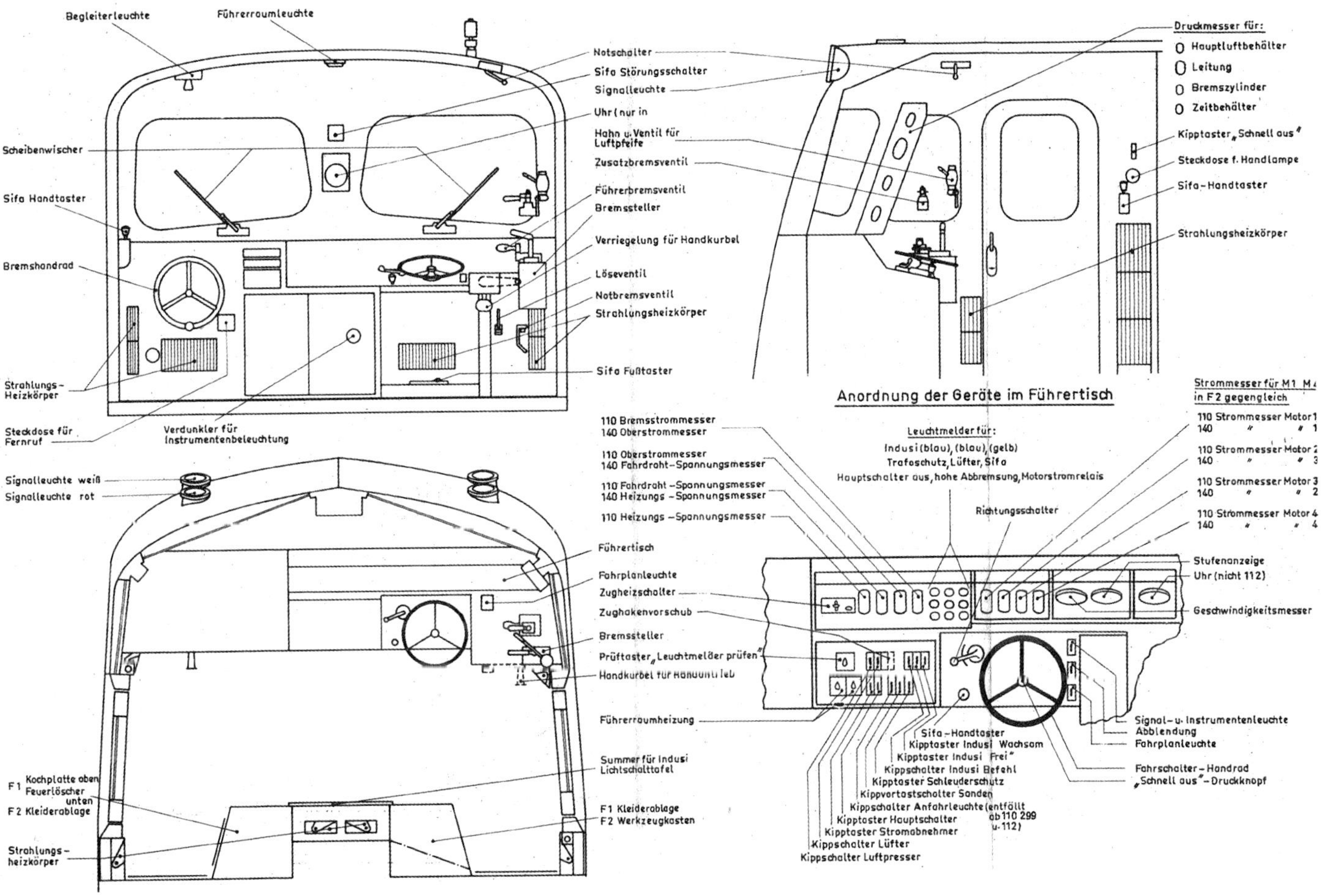

Anordnung der Einrichtungen im Führerraum der Baureihe E 10³.
| *Zeichnung: Slg. M. Dostal*

schonen. Der Vorschub war aber zum einen sehr schadanfällig und zum anderen gab es immer wieder Verletzungen, weil das Rangierpersonal nicht mit dem Bewegen des Hakens rechnete. Deshalb wurde die Einrichtung bald wieder ausgebaut.

Das Gerippe des Kastenaufbaus besteht aus Abkantprofilen. Es ist von außen mit Blechen verkleidet. Kasten und Brückenrahmen sind miteinander verschweißt und bilden eine selbsttragende Einheit. Der Innenraum teilt sich in einen Maschinenraum und zwei Endführerräume. Seitengänge auf beiden Seiten des Maschinenraums verbinden die Führerräume miteinander. Über Lüftungsgitter in den Seitenwänden des Maschinenraums wird von außen die Kühlluft für die Fahrmotoren und Bremswiderstände angesaugt.

Durch die öffnungsfähigen Seitenfenster in der Mitte der Seitenwände fällt etwas Licht in den Maschinenraum der Kasten-E 10. Es kann geöffnet werden, indem eine Hälfte horizontal über die andere geschoben wird. Bei den »Bügelfalten«-Maschinen mit windschnittiger Führerraumkopfform wurde aus optischen Gründen auf die Fenster verzichtet. Stattdessen bekamen die Loks ein durchlaufendes Lüfterband, hinter dem sich getrennte Lüfteröffnungen verbergen. Die Lüftungsgitter der Bauart »Schweiger« bei E 10 101 bis E 10 215 hatten waagerechte Lamellen. Ab der E 10 216 wurden Doppeldüsen-Lüftungsgitter eingebaut, durch die weniger Regenwasser und Schnee eindringt. An der Innenseite der Lüftungsgitter können zusätzliche Filter gegen Staub- und Flugschnee angebracht werden.

Das Aussehen der Vorserienmaschinen unterscheidet sich deutlich von den Serienloks. Die E 10 001 ist mit ihren beiden Frontfenstern den Nachfolgern am ähnlichsten. Allerdings lassen die tief eingebauten Stirnlampen und der Dachüberstand über den Frontfenstern sie recht düster »dreinblicken«. Die anderen Probeloks hatten eher runde Stirnpartien mit je drei Frontfenstern. Auch die Anzahl der Lüftungsgitter und Fenster in den Seitenwänden variierte von Lok zu Lok. Allerdings hatten alle Loks nur im oberen Bereich der Seitenwände Öffnungen für Lüfter und Fenster. Außer der E 10 002 wurden die Probeloks zunächst nur mit zwei Stirnlampen geliefert. Als die Bundesbahn 1957 die Vorschriften änderte, wurde das obere Spitzenlicht nachträglich eingebaut.

Der Haupttransformator samt Schaltwerk steht im Maschinenraum auf dem mittleren Querträger. Er ist mit dem Brückenrahmen verschraubt. Fünf Gerätegerüste und die Hilfsbetriebe wurden möglichst symmetrisch zum Transformator im Maschinenraum angeordnet. Um die Bedienung und Unterhaltung der Sicherungs- und Überwachungseinrichtungen zu vereinfachen, wurden solche, die der Funktion nach verwandt sind, in einem Gerätegerüst und auf einer Schalttafel zusammengefasst. Dazu gehören beispielsweise die Tafel mit den Überstromrelais und eine Tafel mit den Hilfsrelais für die Steuerung von Stromabnehmern, Hauptschalter, Heizung und Bremslüfter im Gerüst 4 sowie je eine Tafel mit allen Kleinselbstschaltern und Schmelzsicherungen für die Hilfsbetriebe und die Führerraumheizung im Gerüst 5. Die Überwachungseinrichtungen für den Haupttransformator sowie Zähler für Wirk- und Blindstrom sind ins Gerüst 2 eingebaut.

Die Fahrmotorlüfter leiten die Kühlluft für die Fahrmotoren durch Schächte zu den Fahrmotoren, von wo sie durch Austrittsöffnungen an den Fahrmotoren ins Freie gelangt. Die Widerstände der elektrischen Bremse sind über einem Lüfter montiert, sodass sie von unten gekühlt werden. Die Kühlluft strömt nach oben und wird durch Schlitze im größeren der beiden Dachaufbauten abgeführt. Die Kühlluft für den Ölkühler des Haupttransformators wird durch die Schlitze des kleineren Dachaufbaus angesaugt und über den Ölkühler nach unten ins Freie geführt.

Die Dachaufbauten sind abnehmbar, sodass Haupttransformator, Ölkühler und die Hilfsbetrie-

Blick in den Führerstand einer E 10. Im Gegensatz zu den Vorkriegs-Elloks können die Einheits-Elloks im Sitzen bedient werden. Deshalb ist das Fahrstufenrad waagerecht auf dem Pult montiert und nicht mehr senkrecht an der Stirnseite des Pults. | *Foto: M. Dostal*

be von oben ein- und ausgebaut werden können. Durch eine Luke im Dach kann das Personal vom Maschinenraum aus mit einer Leiter auf das Dach steigen. Die Luke lässt sich aus Sicherheitsgründen nur mit dem Schlüssel des Führerbremsventils öffnen oder verschließen. Er kann nur bei geschlossenem Deckel abgezogen werden.

Zwischen den Drehgestellen sind unter dem Brückenrahmen vier Tröge aufgehängt, in denen sich die Batterien befinden. Die Wände zwischen den Führerräumen und dem Maschinenraum sind schallgedämmt. Über den Fahrmotoren sind im Fußboden des Maschinenraums Bodenklappen eingebaut.

2.1.5 Führerräume

Bei der Gestaltung der Führerräume wurden Erfahrungen der Lokführer mit den Vorserienmaschinen berücksichtigt. Von der E 10 001 übernahmen die Konstrukteure die beiden großen Stirnfenster, die eine wesentlich bessere Streckensicht ermöglichen als die dreifenstrige Ausführung der anderen Prototypen. Die Einrichtung der Innenräume und die Anordnung der Bedienungs- und Überwachungselemente wurden von den E 10 001 und E 10 002 übernommen.

Wichtigste Änderung gegenüber den Vorkriegselloks war die Möglichkeit zur Bedienung der E 10 im Sitzen. Das Fahrpult wurde in entsprechender Höhe angeordnet und als Fahrstufenrad ein kleines Handrad auf der waagerechten Fläche des Pults statt eines großen, senkrecht stehenden Rads eingebaut. Hinter dem Fahrpult ist der Sitz für den Triebfahrzeugführer aufgestellt. Links davon gibt es einen zweiten Sitz für den Beimann. Bis 1970 wurden recht einfache Stühle in die Führerräume gestellt, ab 1970 baute man gefederte »Bremshey«-Sitze ein, die der Triebfahrzeugführer nach seinen Anforderungen einstellen konnte. Nach und nach wurden auch die älteren Maschinen mit diesen Sitzen ausgestattet. Alle Instrumente sind so im Führerpult eingebaut, dass sie vom Sitz aus gut erreichbar bzw. ablesbar sind.

Zunächst hatten die Führerräume eine Warmluftheizung, später wurden Strahlungsheizungen eingebaut. Die früh gebauten E 10 hatten eine Kochplatte, auf der das Personal Getränke oder kleine Speisen aufwärmen konnte. Spätere Bauserien bekamen Thermofächer, mit denen Speisen und Getränke gekühlt oder erwärmt werden konnten.

2.2 Elektrischer Teil

Der Hochspannungsteil der Lokomotiven besteht aus den beiden Stromabnehmern und der Dachleitung, dem Dachtrennschalter, dem Hauptschalter, dem Dachdurchführungsisolator mit dem Oberstromwandler und dem Oberspannungswandler.

2.2.1 Stromabnehmer

Die Serienloks der Baureihe E 10 wurden mit je zwei Scherenstromabnehmern der Bauart DBS 54 (Doppelschleifstück-Bahn-Stromabnehmer Entwicklungsjahr 1954) ausgerüstet. Sie wiegen 275 kg und sind damit 100 kg leichter als die SBS 39.

Die geschweißten Stromabnehmer haben Wälzlager in den Scherengelenken und in den Grundrahmenlagern. Zwei Schleifstücke auf der Pendelwippe sollen sicherstellen, dass eine sichere Stromabnahme auch dann gewährleistet ist, wenn die Loks mit nur einem angelegten Stromabnehmer fahren. Die Vorserienloks wurden mit Scherenstromabnehmern geliefert, die aus der Bauart SBS 39 weiterentwickelt worden waren. Sie hatten nur ein Schleifstück aus Hartkohle, deshalb sollten im Betrieb beide Stromabnehmer angehoben sein. Nachdem sich die Doppelschleifleisten durchgesetzt hatten, wurden die SBS 39 der E 10^0 damit ausgerüstet, sodass nun der Betrieb mit nur einem Abnehmer an der Oberleitung möglich war.

Die Stromabnehmer werden mit dem Kipptaster »Stromabnehmer hoch/nieder« vom Führerpult aus bedient. Ein Druckluftzylinder und eine Hubfeder heben sie an und drücken sie mit einer Kraft von 70 kN an den Fahrdraht. Eine Rückzugfeder senkt die Stromabnehmer ab. Kurz vor dem Aufsetzen bremst ein Ölstoßdämpfer den Stromabnehmer ab, um Beschädigungen zu verhindern. Im Gefahren-

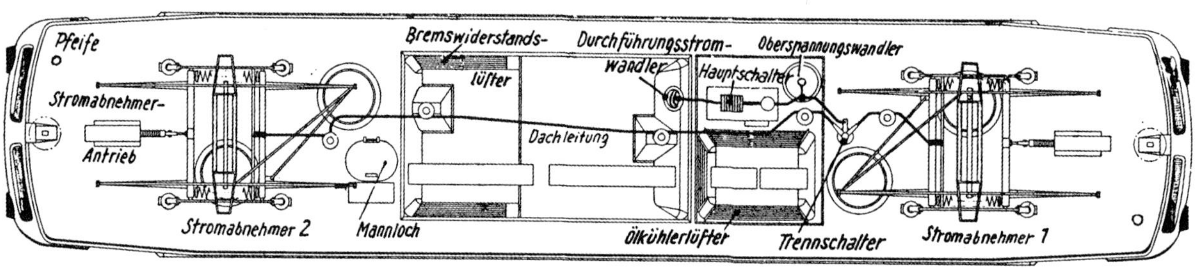

Anordnung der Ausrüstung auf dem Dach der Baureihe E 10.
| *Zeichnung: M. Dostal*

fall kann der Stromabnehmer mit dem Notschalter gesenkt werden, der an der Führerraumdecke über dem Führersitz angeordnet ist.

Im Zusammenhang mit der Entwicklung der Baureihe E 03 wurden auch auf der E 10 unterschiedliche Stromabnehmerbauarten untersucht. Die E 10 1270, E 10 299 und E 10 300 waren zu diesem Zweck mit Scheren- bzw. Einholmstromabnehmern unterschiedlicher Hersteller bestückt. Auch unterschiedliche Schleifstücke wurden untersucht. Die Tests führten schließlich zur Entscheidung für Scherenstromabnehmer der Bauart DBS 54 mit der breiten »Wanisch«-Wippe WB 15. Er wurde auf zwei Loks der Baureihe E 03 und auf den 112 485 bis 112 504 montiert. Mit der breiten »Wanisch«-Wippe konnten auch bei einer Höchstgeschwindigkeit von 160 km/h zwei Loks der Baureihe 112 vor einem Zug eingesetzt werden, dies war mit Abnehmern mit normalen Schleifstücken nicht möglich.

Wegen Problemen mit den »Wanisch«-Wippen im Betrieb bekamen 112 485 und 486 im Jahr 1969 zwei neue Wippen. Die von der Eisenbahntechnischen Konstruktionen GmbH (ETK) gebaute Wippe WB 12 lieferte bessere Ergebnisse als die von Siemens gebaute. Deshalb wurden die 112 485 bis 504 sowie die ersten Serienloks der Baureihe 103 mit diesen Wippen ausgestattet. Doch auch diese Wippen bewährten sich im Dauerbetrieb nicht und wurden deshalb gegen die normalen Wippen der DBS 54 ausgetauscht.

Aus dem Stromabnehmer gelangt die elektrische Energie zum Dachtrennschalter. Mit diesem Schalter, einem Drehisolator auf dem Dach, können die beiden Stromabnehmer vom übrigen Stromkreis getrennt werden. Dies ist besonders wichtig, wenn sich ein Stromabnehmer nicht mehr senken lässt. Der Schaltarm wird mit einem Knebelgriff vom Maschinenraum aus betätigt. Damit können beide, nur ein oder kein Stromabnehmer mit der Dachleitung verbunden werden.Der ebenfalls auf dem Dach platzierte Hauptschalter, ein Druckluftschnellschalter der Bauart DBTF 20 i 200 von BBC mit Trenn- und Leistungsschalter, verbindet die Dachleitung mit dem Transformator und schaltet sich bei Spannungsschwankungen oder abfallendem Luftdruck selbsttätig aus.

2.2.2 Transformator

Am Haupttransformator, einem dreischenkeligen Öltransformator Bauart WER 1193v/15 mit Eisenkern ist das Hochspannungsschaltwerk vom Typ BBC-N 28 h und eine Ölkühlanlage montiert. An einem der Außenschenkel befinden sich 29 Anzapfungen für den Fahrmotorenstrom und die Hilfswicklung für die Zugheizung und für die Hilfsbetriebe.

110 219 und 222 bis 232 waren zu Versuchszwecken mit einem Hochspannungsschaltwerk von SSW mit Sprunglastschaltern unterwegs. E 10 296 bis 298 erhielten dagegen Schaltwerke vom Typ NO 32 von BBC.

Zur Ölumlaufkühlung des Transformators gehören der Transformatorkessel, eine Kreiselpumpe, ein Ölkühler mit Lüfter und zwei Absperrschieber. Die Pumpe hat eine Leistung von 3,3 kW und fördert 850 Liter Öl in der Minute. Der Rippenrohr-Ölkühler ist zusammen mit dem Ölkühlerlüfter in einem turmartigen Gehäuse eingebaut. Der Axiallüfter benötigt eine elektrische Leistung von 9 kW und hat eine Förderleistung von 6,75 m^3/sec. Er saugt die Kühlluft über Jalousien im Dachaufbau an und drückt sie durch den Ölkühler nach unten wieder ins Freie. Ein Thermometer und ein Strömungsmesser überwachen die Öltemperatur und die Ölströmung. Unregelmäßigkeiten werden durch Meldeleuchter im Fahrpult angezeigt.

Eine Gleichstromanlage versorgt Stromabnehmer, Hauptschalter, Hilfsbetriebe, Stellmotoren, Richtungswender, Trennschütze, Beleuchtungseinrichtung sowie Sifa und Indusi mit elektrischer Energie. Bei der ursprünglichen Betriebsspannung von 24 V kam es dabei immer wieder zu Kontaktstörungen in den Stromkreisen, die zu Betriebsstörungen führten. Deshalb wählte man bei den E 10 eine Spannung von 110 V für die Gleisstromanlage. Die Batterie wird

Stromabnehmer der Bauart DBS 54 mit normalen Doppel-Schleifstücken waren auf den meisten Loks der Baureihe E 10 montiert. | *Foto: M. Dostal*

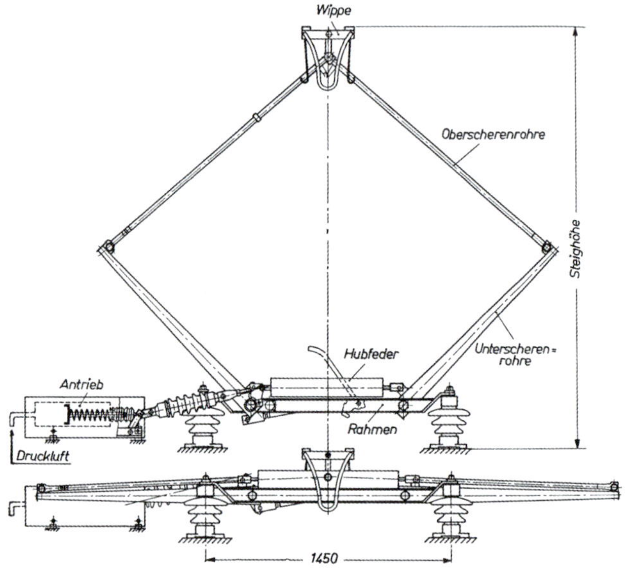

Bezeichnung der Bauteile der Stromabnehmer-Bauart DBS 54. | *Zeichnung: Slg. M. Dostal*

nicht mehr wie vorher üblich über einen Transformator und einen Gleichrichter aus dem Fahrdraht geladen, sondern ist über einen Generator mit Vorsatzgetriebe an den Ölkühlermotor angekuppelt.

Für die elektrische Zugheizung sind an der Hilfsbetriebewicklung des Haupttransformators besondere Anzapfungen vorhanden. Von hier fließt der Strom über Heizschütze, Heizstromwandler, Erdstromwandler und die Hauptheizleitung zu den Heizkupplungen an den Stirnseiten der Lokomotive.

2.2.3 Schaltwerk

Zum Schalten der einzelnen Fahrstufen haben die Serien-E 10 ein Hochspannungsschaltwerk der Bauart N 28 h erhalten. Bei ihm kann die Oberspannungswicklung an 28 verschiedene Spannungen der Stufenwicklung angelegt werden. Weil das Hochspannungsschaltwerk an der Hochspannungsseite des Transformators liegt, genügen niedrigere Ströme im Schaltwerk als bei Niederspannungsschaltwerken, um die gleiche Leistung zu übertragen. Deshalb können die Bauteile des Schaltwerks kleiner ausgeführt werden kann. Allerdings benötigt diese Variante den sogenannten Stufentransformator zwischen Dachleitung und Schaltwerk. Nur bei der E 10 003 wurde ein Niederspannungsschaltwerk verwendet. Es befindet sich hier hinter dem Haupttransformator, muss größere Ströme leiten können und entsprechend groß ausgeführt werden, um eine übermäßige Erwärmung zu vermeiden.

Das Hochspannungsschaltwerk arbeitet nach dem Prinzip der Nachlaufsteuerung: Der Triebfahrzeugführer wählt die endgültige Fahrstufe und das Schaltwerk schaltet die einzelnen Fahrstufen je nach Belastung selbstständig nach oben oder unten. Der Lokführer muss also nicht jede Fahrstufe einzeln schalten und warten, bis die Lok die Geschwindigkeit dieser Fahrstufe erreicht hat, um in die nächste Stufe schalten zu können. Später wurde die Nachlaufsteuerung durch eine Auf-Ab-Steuerung ersetzt. Hier hat der Lokführer nur die Schaltstellungen »Auf«, »Ab«, »Fahrt« und »0«. Er schaltet solange »Auf«, bis die Lok die ge-

Druckluftschnellschalter der Bauart DBTF 20/200 auf der 115 346.
| *Foto: M. Dostal*

wünschte Geschwindigkeit erreicht hat, denn schaltet er auf »Fahrt« und das Schaltwerk verharrt in der erreichten Fahrstufe. Um langsamer zu fahren, schaltet er »Ab« und geht bei der gewünschten Geschwindigkeit wieder auf »Fahrt«. Schaltet er auf »0« werden die Motoren abgeschaltet und das Schaltwerk läuft auf die Stufe 0 herunter.

Auch die Schaltwerke wurden während der langen Bauzeit der E 10 weiterentwickelt. Ab Mitte der 1960er-Jahre wurden die ersten Schaltwerke mit Thyristor-Halbleiter-Lastschaltern eingebaut. Ab E 10 399 waren sie serienmäßig in der E 10 zu finden.

2.2.4 Fahrmotoren

Jeder Radsatz der E 10 wird über einen 14-poligen Reihenschluss-Kommutatormotor der Bauart WB 372/22 mit Erreger-, Wendepol- und Kompensationswicklung und einer Nennleistung von 925 kW bei einer Spannung von 487 V angetrieben. Im zylinderförmigen Gehäuse des Motors sind Blechpakete eingebaut, die als Ständer dienen. Die Kupferwicklungen des Ankers oder auch Läufers sind mit dem Kommutator verbunden. Der Kommutator polt die Ankerwicklung so, dass der Motor ständig ein Drehmoment liefert. Ritzel an beiden Seiten der Ankerwelle greifen in das Großrad des SSW-Gummiringfederantriebs. Sobald der Fahrschalter von Stufe 0 auf Stufe 1 bewegt wird, schalten Motortrennschütze die Fahrmotoren ein.

Die Motorbauart WB 372/22 wurde aus dem zwölfpoligen, in der E 10 003 verwendeten Motor der Bauart WB 358/21 weiterentwickelt. Dies war nötig, um für die Serienloks die geforderte höhere Leistung zu erreichen. Die in E 10 002 eingebauten 14-poligen Motoren der Bauart ELM983s und in die E 10 001, 004 und 005 eingebauten, ebenfalls 14-poligen Motoren der Bauart EKB 895 setzten sich nicht durch.

Damit die Motoren im Betrieb nicht heiß laufen, werden sie von Kühlluft umspült. Ein zweistufiger Hochleistungs-Axiallüfter mit einer Leistung von 9 kW fördert die Kühlluft durch Kanäle im Ständer und Läufer sowie durch Luftspalten im Kommutator zu

Blick von oben auf die 110 416. Gut ist der Antrieb des Stromabnehmers über dem Führerstand zu erkennen. Am 30. Juli 2008 fährt die Lok durch Stuttgart-Untertürkheim. | *Foto: M. Dostal*

den Luftaustrittsöffnungen geführt. Die Luft wird aus dem Maschinenraum angesaugt und über Lederbälge den Fahrmotoren zugeführt. Je nach Außentemperatur kann zwischen Sommer- und Winterbetrieb gewählt werden. Der manuelle Schalter ist im Maschinenraum.

2.2.5 Elektrische Bremse

Außer der Druckluftbremse haben die E 10 eine elektrische, von der Fahrdrahtspannung abhängige, fremderregte Widerstandsbremse. Wird diese Bremse genutzt, arbeiten die Fahrmotoren als Generatoren. Dabei wird durch die Bewegung des Ankers im Ständer ein Magnetfeld erzeugt, das dem Drehmoment des Ankers entgegenwirkt. Dieses Magnetfeld erzeugt im Ständer eine zur Spannung in der Oberleitung phasenverschobene elektrische Spannung. Allerdings wird die so gewonnene elektrische Energie bei den E 10 nicht in die Oberleitung zurückgespeist, sondern in den Bremswiderständen in Wärme umgewandelt. Dafür sind je zwei Läufer der Fahrmotoren mit einem Bremswiderstand in Reihe geschaltet. Die elektrische Bremse wird mit dem elektrischen Bremssteller stufenweise geregelt. Er kann über eine mechanische Kupplung mit dem Griff des Führerbremsventils verbunden werden. Dann wird die elektrische Bremse zusammen mit der Druckluftbremse betätigt.

Weil das Magnetfeld von der Drehgeschwindigkeit des Ankers abhängig ist, würde die Bremsleistung bei einer immer langsamer fahrenden Lokomotive stetig abnehmen. Um dies zu verhindern, muss das Magnetfeld aufrechterhalten werden. Dafür wird über einen Geschwindigkeitsmesser eine variable Spannung aus dem Haupttransformator angelegt.

Erst die Serienmaschinen der E 10 sind mit dieser elektrischen Bremse ausgestattet. Sie wurde wegen der höheren Endgeschwindigkeit nötig, denn beim Abbremsen aus Geschwindigkeiten über 130 km/h werden die Bremsklötze enorm aufgeheizt, was einen sehr hohen Bremsklotzverschleiß

Druckluftpfeife über dem Führerraum der 110 487.
| *Foto: M. Dostal*

und schlimmstenfalls das Ablösen der Radreifen zur Folge haben kann.

Die elektrische Bremse hat eine Dauerleistung von 1.200 kW und für eine kurzzeitige Belastung eine Spitzenleistung von rund 2.500 kW. Damit kann ein D-Zug mit 684 Tonnen von 150 km/h innerhalb von 40 Sekunden auf eine Geschwindigkeit von 125 km/h verzögert werden. Ein 1.200 Tonnen schwerer Güterzug kann bei einem Gefälle von 10 ‰ auf einer Geschwindigkeit von 60 km/h gehalten werden.

2.2.6 Sicherheitseinrichtungen

Damit die E 10 sicher und zuverlässig betrieben werden können, sind sie mit zahlreichen Sicherheitseinrichtungen ausgestattet. Zu den Einrichtungen, die die Funktion der Lokomotiven überwachen, gehört unter anderem das Überstromrelais, das den Oberstromkreis vor Überlastung schützt. Ein Relais überwacht den Heizstrom und schaltet bei Kurzschlüssen in der Zugheizung die Hilfswicklung für die Heizspannung im Haupttransformator ab. Ein anderes Relais schaltet, wenn es zu Erdschlüssen in den Hilfsbetrieben, der Zugheizung oder den Fahrmotoren kommt. Wenn das Motorüberstromrelais anspricht, trennt der zugehörige Motortrennschütz den Motorstromkreis. Ein Unterspannungsrelais überwacht die Fahrdrahtspannung und schaltet den Hauptschalter aus, wenn die Fahrdrahtspannung unter 10 kV absinkt. Der sichere Einsatz auf den Gleisen wird ebenfalls überwacht. Dafür sind die Lokomotiven mit folgenden Sicherheitseinrichtungen ausgerüstet:

Die **Sicherheitsfahrschaltung** (Sifa) bremst den Zug ab, wenn der Triebfahrzeugführer dienstunfähig wird oder wenn nicht mehr genügend Luft in der Hauptluftleitung vorhanden ist, was auf einen Defekt in der Bremse oder eine Zugtrennung hindeuten kann. Bei der Sifa gibt es mechanische, elektromechanische oder elektronische Bauarten, die wegabhängig und zeitabhängig arbeiten. Sie alle haben zusätzlich eine zeitabhängige Wachsamkeitskontrolle. Bei der wegabhängigen Sifa kann der Zug nur eine bestimmte Strecke zurücklegen, ehe der Lokführer wieder einen Handtaster oder ein Fußpedal betätigen muss. Dafür genügt es, dass der Führer den Taster oder das Pedal gedrückt hält. Wäre er ohnmächtig geworden und auf dem Signalgeber liegen geblieben, so wäre der Zug weitergefahren. Um diese Gefahr zu bannen, wurde eine zeitliche Überwachung nachgerüstet. Nun muss sich der Zustand der Signalgeber innerhalb bestimmter Zeitintervalle ändern. Tut er dies nicht, erfolgt die Zwangsbremsung.

Die **Induktive Zugbeeinflussung** (Indusi) überwacht, ob ein Triebfahrzeugführer die Signale an der Strecke erkannt und entsprechend reagiert hat. Dafür sind sowohl an den Drehgestellen der Lok als auch neben den Gleisen Magnete befestigt. Die Gleismagnete senden in Frequenzen, die den jeweiligen Signalbildern zugeordnet sind. Wenn der Magnet an der Lok einen Gleismagent passiert,

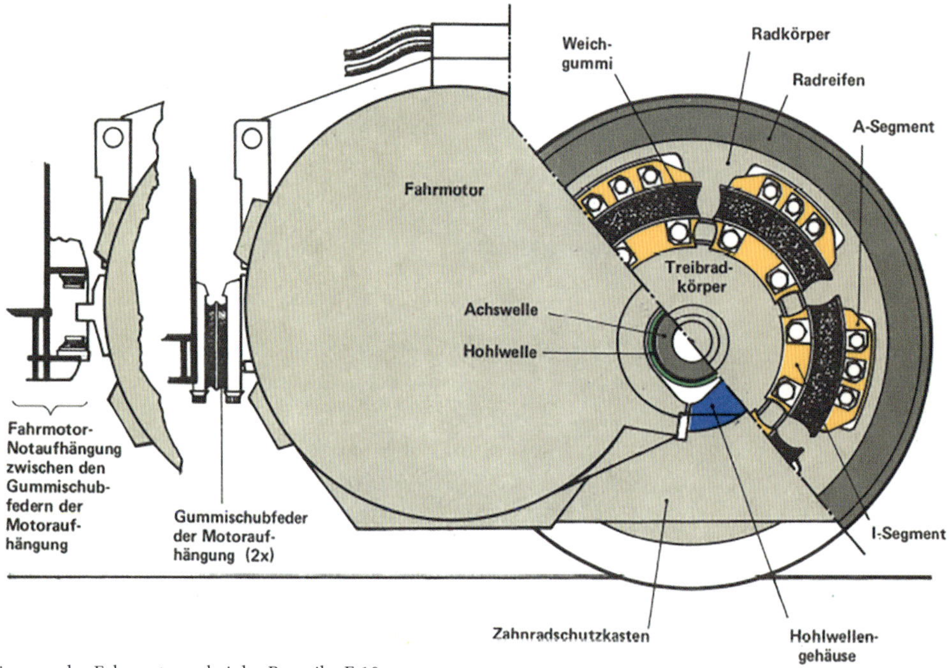

Aufhängung der Fahrmotoren bei der Baureihe E 10.
| *Zeichnung: Slg. M. Dostal*

empfängt er diesen Impuls. Um anzuzeigen, dass er das Signal erkannt hat, muss der Fahrzeugführer dies durch einen Tastendruck bestätigen. Wird der Impuls nicht quittiert, erfolgt eine Zwangsbremsung. Gleichzeitig werden die am Signal zulässigen Geschwindigkeiten überwacht. Werden diese überschritten, erfolgt ebenfalls eine Zwangsbremsung. Auch die Sicherheitseinrichtungen wurden ständig verbessert.
Ab 1963 lösten Indusi der Bauart I 60 die alte Bauart I 54 ab. Außerdem mussten bis Dezember 2003 alle E 10 mit dem punktförmigen Zugbeeinflussungssystem PZB 90 ausgestattet werden.

1959 führte die DB den **Zugbahnfunk** (ZBF) ein. Versuchsweise wurde die Strecke Würzburg–Nürnberg damit ausgerüstet. Die E 10 239 bis E 10 244 und die E 10 1308 bis E 10 1312 wurden deshalb mit ZBF ausgestattet. Die Tests verliefen erfolgreich und der ZBF wurde weiter verbessert. Anfang der 1970er-Jahre war der Zugbahnfunk serienreif und die E 10 wurde, wie alle anderen Loks der Bundesbahn, damit nachgerüstet.

Das modernste Sicherungssystem der E 10 ist **CIR-ELKE**. Für das »**C**omputer **I**ntegrated **R**ailroading – **E**rhöhung der **L**eistungsfähigkeit im **KE**rnnetz der Eisenbahn« wurde die linienförmige **Zugbeeinflussung** (LZB) weiterentwickelt, damit die Belegung viel befahrener Strecken noch einmal erhöht werden konnte. Als erste Strecke wurde die Verbindung zwischen Karlsruhe und Basel mit CIR-ELKE ausgestattet und ab 2001 mit diesem System betrieben. Ab 2006 wurde die Verbindung schließlich auf den Nachfolger CIR-ELKE II umgestellt. Mit diesem System wurden nach dem Versuchsträger 110 169 weitere Loks der Baureihe 110 ausgestattet, damit sie auf Strecken mit CIR-ELKE eingesetzt werden dürfen.

Die 110 271 und 110 107 bekamen nach Unfällen neue Lokkästen in »Bügelfalten«-Form. Außerdem wurde wie bei der 110 343 und 110 360 eine abnehmbare Verschleißpufferbohle montiert, die bei Beschädigungen schneller getauscht werden konnte.
| *Foto: Slg. C.-J. Jacobson*

2.2.7 Wendezugsteuerung

Nach ihrer großen Zeit im Schnellzugdienst wanderten die 110 in den 1990er-Jahren mehr und mehr in den untergeordneten Reisezugdienst ab. Hier wurden aber überwiegend für den Einsatz im Wendezugdienst benötigt. Um die 110 auch hier einsetzen zu können, ließ die Deutsche Bahn AG zwischen 1997 und 2004 insgesamt 131 »Bügelfalten«-Maschinen mit einer Wendzugsteuerung ausstatten.

Bis 1995 bekamen alle E 10 eine Einrichtung zur Türblockierung ab 0 km/h (TB0). Sie darf nur bei Zügen mit Zugbegleiter genutzt werden und hat einen Taster zum Schließen und zum Freigeben der Türen. Damit können die Türen erst bei einer Geschwindigkeit unter 5 km/h freigegeben werden. Die TB0 gibt dann die Türen auf beiden Seiten des Zugs frei. Um die Türen zu schließen, betätigt der Zugbegleiter mit einem Schlüssel einen Schalter. Dies wird dem Triebfahrzeugführer mit einem Signalton oder per Sprachausgabe mitgeteilt. Die Türen können aber auch vom Führerstand aus geschlossen werden. Bevor sich der Zug in Bewegung setzt, muss der Lokführer sich per Augenschein davon überzeugen, dass der Zugbegleiter die Abfahrbereitschaft meldet.

3 FARBENSPIELE

Die E 10 gehört zu den wenigen Lokomotivbaureihen, die sämtliche Farbkleider trug, die Deutsche Bundesbahn und Deutsche Bahn AG für ihre Lokomotiven erdachten. Hinzu kamen noch Versuchslackierungen und diverse Werbeanstriche. So reicht das abwechslungsreiche Spektrum von der eleganten TEE-Variante bis zur bunten »Mauslok«.

| *Grafik: H. Sölch (2)*

3.1 Vom eleganten Blau zum Verkehrsrot

Mit ihren blauen Lokkästen hoben sich die E 10 deutlich von den übrigen Elektrolokomotiven der Deutschen Bundesbahn ab, die bisher alle einen grünen Lokkasten hatten. Die DB führte die neue Farbe für jene Loks ein, die mit einer Höchstgeschwindigkeit ab 120 km/h für den Schnellzugdienst geeignet waren. So konnte sie durchgehend blaue F-Züge zu bilden, denn die 1.-Klasse-Wagen dieser Züge hatten bereits blaue Kästen erhalten.

Die fünf Probeloks bekamen ein schwarzes Fahrwerk und einen schwarzen Rahmen, das Dach wurde weißaluminiumfarben lackiert. Weil die parallel zur Baureihe E 10 gelieferte E 41 eine Höchstgeschwindigkeit von 120 km/h hat, bekamen auch die ersten Loks dieser Baureihe ebenfalls einen blauen Kasten. 1958 erhöhte die Bundesbahn die Mindestgeschwindigkeit für den blauen Anstrich auf 130 km/h. Deshalb wurden die E 41 fortan mit grünem Kasten ausgeliefert. Bei der E 10 änderte sich nichts.

1962 führte die Bundesbahn mit dem »Rheingold« und später dem »Rheinpfeil« neue Luxuszüge auf ihren Gleisen ein. Die Züge wurden aus neuem, voll klimatisiertem Wagenmaterial gebildet. Als Besonderheit bekamen sie einen Aussichtswagen mit voll verglaster Kuppel. Diese Züge sollten sich auch nach außen von den übrigen F-Zügen abheben. Deshalb entschied sich die Bundesbahn für ein zweifarbiges Anstrichschema.

Die Brüstungen dieser Wagen wurden kobaltblau lackiert und die Fenster mit einem cremefarbenen Bereich davon abgesetzt. Um auch hier wieder ein einheitliches Zugbild zu erreichen, lackierte man die für diese Züge vorgesehenen Loks der Baureihe E 10[12] nach demselben Schema.

Mitte der 1960er-Jahre wurden »Rheingold« und »Rheinpfeil« in TEE-Züge umgewandelt. Schon in den 1950er-Jahren hatten sich die am TEE-Verkehr teilnehmenden Staaten auf ein länderübergreifendes Farbkonzept für diese Züge geeinigt. Mit der Umwandlung bekamen auch die Wagen und zugehörigen E 10 diesen Anstrich, der einen Lok- oder Wagenkasten mit roter Brüstung und cremefarbenen Fensterband vorsah.

Die »normalen« E 10 wurden weiterhin blau lackiert, es gab nur kleinere Änderungen. So wechselte die Dachfarbe Mitte der 1960er-Jahre in ein Graubraun, später wurden die Loks ohne Dachrinnen ausgeliefert und der äußere Dachbereich wurde ebenfalls blau lackiert.

Der schwarze Rahmen der E 10 war schmutzanfällig, sodass die Loks öfter gewaschen werden mussten, damit sie ihr elegantes Äußeres nicht verloren. Um dies zu verhindern, unternahm man Versuche mit grauen Rahmen. So wurde die E 10 340 mit einem dunkelgrauen Rahmen geliefert. Die E 10 383 bekam einen mittelgrauen und die E 10 384 einen hellgrauen Rahmen. Leider brachten diese Anstrichvarianten nicht den gewünschten Erfolg und man kehrte zum schwarzen Rahmen zurück.

Mit den blauen Loks ergaben sich immer wieder Situationen, besonders bei schlechtem Wetter oder in der Dämmerung, in denen andere Verkehrsteilnehmer die dunklen Loks nicht rechtzeitig erkannten und sich somit in Gefahr brachten. Deshalb bekamen zwei Loks helle Kontrastflächen an den Stirnseiten. Bei der E 10 365 war dies ein auf die Spitze gestelltes Dreieck, das unter den Fenstern begann und über den Rahmen bis zum Kupplungshaken hinunterreichte. Diese Lok hatte deshalb an den Stirnseiten keine Nummer und kein DB-Emblem. Bei der E 10 477 wurden rechts und links des DB-Emblems je zwei waagerechte Streifen angebracht, die bis unter die seitlichen Führerstandfenster reichten. Die Kontrastflächen setzten sich nicht durch. Außer diesen beiden gab es keine weiteren Versuche.

Mitte der 1970er-Jahre führte die Deutsche Bundesbahn das beige/ozeanblaue Farbschema ein, in das auch die E 10 übernommen wurden.

Die ersten E 10 wurden wie die E 10 001 noch mit stahlblauem Lokkasten geliefert.
| *Grafik: G. Bahr, Foto: D. Höltge*

Anstrichschema der »Kasten«-E 10 mit schwarzem Fahrwerk, schwarzem Rahmen, blauem Kasten und silberfarbigem Dach.
| *Grafik: H. Sölch, Foto: C. Bellingrodt (Eisenbahnstiftung)*

Nicht verwirklichter Designentwurf für die Baureihe $E\ 10^3$.
| *Grafik: H. Sölch*

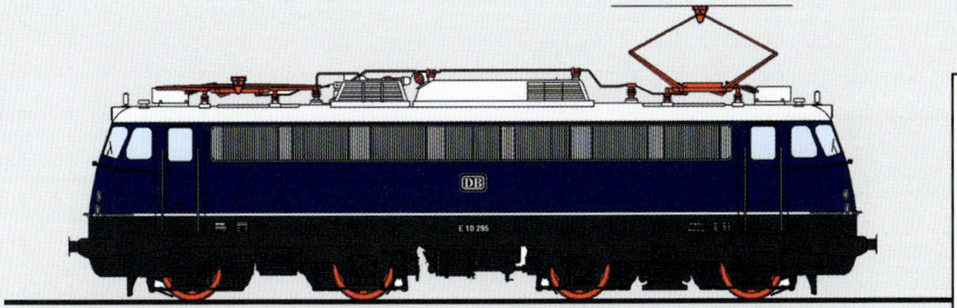

Regelanstrich der »Bügelfalten«-E 10 mit durchlaufendem Lüfterband.
| *Grafik: H. Sölch, Foto: Dr. B Domagalski*

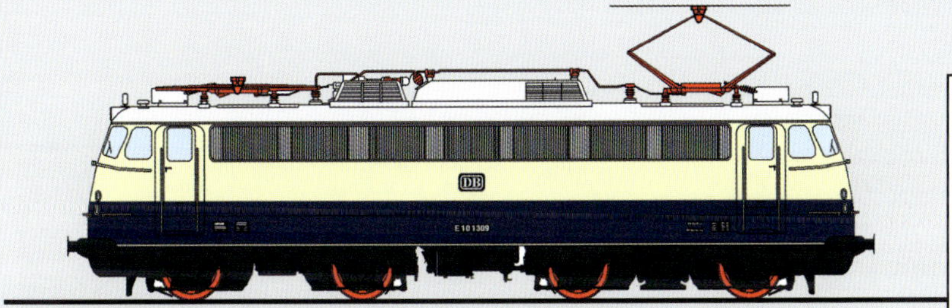

Erste Ausführung der FD- und TEE-Lackierung der Baureihe E 10^{12} mit blau/cremefarbenem Lokkasten.
| *Grafik: H. Sölch, Foto: H. Tritter*

Zweite und nun internationale Ausführung der TEE-Lackierung der Baureihe E 10^{12} mit rot/beigefarbenem Lokkasten.
| *Grafik: H. Sölch, Foto: Dr. B. Domagalski*

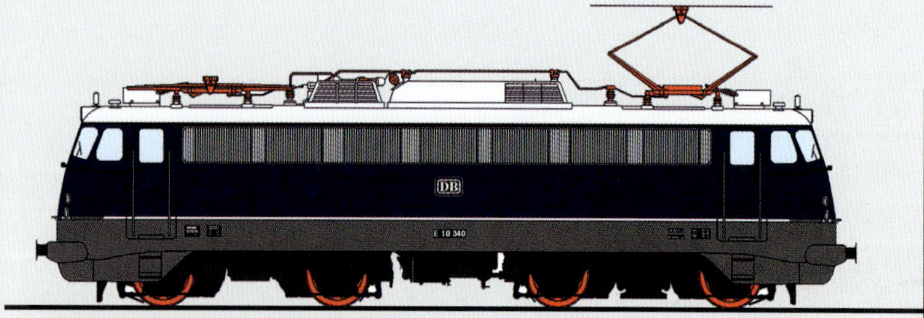

E 10 340 in Versuchslackierung mit dunkelgrauem Rahmen.
| *Grafik: H. Sölch, Foto: D. Höltge*

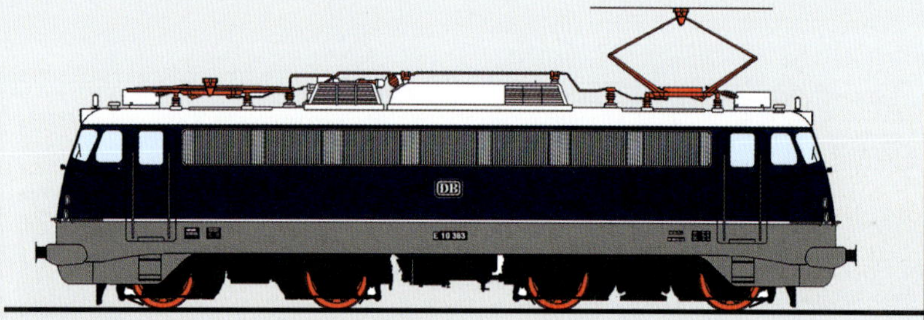

E 10 383 in Versuchslackierung mit mittelgrauem Rahmen.
| *Grafik: H. Sölch, Foto: G. Greß (Eisenbahnstiftung)*

E 10 384 in Versuchslackierung mit hellgrauem Rahmen.
| *Grafik: H. Sölch, Foto: M. Harper (Eisenbahnstiftung)*

Ab Mitte der 1970er-Jahre bekamen die Loks einen Anstrich mit ozeanblau/ beigefarbenem Kasten.
| *Grafik: H. Sölch, Foto: Dr. B. Domagalski*

Der orientrote Anstich ab den späten 1980er-Jahren nahm den Loks einen Großteil ihrer Eleganz, denn Rahmen und Aufbau wurden nun in der gleichen Farbe lackiert.
| *Grafik: H. Sölch, Foto: Dr. B. Domagalski*

Der letzte DB-Anstrich umfasste einen verkehrsroten Lokkasten und einen grauen Rahmen. Auch die Dachaufbauten wurden nun grau lackiert.
| *Grafik: H. Sölch, Foto: M. Dostal*

Die vom AW Dessau als Ersatzlok zur Verfügung gestellte 110 511 war in Weiß mit roten Absetzlinien unterwegs.
| *Grafik: H. Sölch, Foto: V. Emersleben*

Wie beim »Rheingold«-Anstrich wurde der Aufbau wieder in einen blauen Rahmen und einen beigefarbenen Kasten unterteilt. Allerdings handelte es sich diesmal um eine ozeanblaue Lackierung. Die Dächer wurden beigefarben lackiert.

Zum 150-jährigen Jubiläum der Eisenbahn in Deutschland bekamen einige 110 neben den rechten Einstiegstüren einen Aufkleber, der auf das Jubiläum hinwies. Die Aufkleber wurden später wieder entfernt. Das nächste Farbkonzept ereilte die Loks in der zweiten Hälfte der 1980er-Jahre. Ein einheitlicher, orientroter Anstrich löste den zweifarbigen ab. Man gab die Trennung zwischen Rahmen und Kasten also auf. Dafür griff man die weiße Kontrastfläche wieder auf und lackierte den Loks eine breite, in der Mitte nach unten gezogene Kontrastfläche unter die Stirnfenster. Auch hier wurden die Dächer mit in die Kastenlackierung einbezogen. Dies ließ die Loks optisch erheblich kürzer und uneleganter wirken. Bei allen bisher vorgestellten Anstrichvarianten wurden die Stromabnehmer und die Dachleitungen rot lackiert.

Das letzte Farbkonzept wurde ab dem Jahr 2000 an den Loks realisiert. Der Aufbau hat nun einen grauen Rahmen, einen verkehrsroten Kasten und ein verkehrsrotes Dach. Dem Sicherheitsaspekt wurde ähnlich wie bei der E 10 477 mit je einem weißen Balken rechts und links des DB-Logs Rechnung getragen. In diesem Anstrichschema sind graue Dachleitungen und Stromabnehmer vorgesehen. Einen besonderen Anstrich tragen die Maschinen der Lokomotion Gesellschaft für Schienentraktion mbH. Wie die neueren Loks diese Bahngesellschaft haben auch die 139 177, 139 213 und 139 216, die aus Loks

Um eine bessere Erkennbarkeit der Maschinen bei schlechtem Wetter zu erreichen, bekam die E 10 477 versuchsweise zwei weiße Streifen neben dem DB-Emblem an den Frontseiten. So wartet die Lok am 19. März 1968 in Hannover Hbf auf Ausfahrt. | *Foto: D. Höltge*

Auch mit der E 10 365 wurden solche Versuche durchgeführt, bei ihr war der Warnanstrich an den Stirnseiten wesentlich größer und hatte eine dreieckige Form. (Osnabrück Hbf, April 1979) | *Foto: Th. Estler*

der Baureihe 110 entstanden sind, einen weißen Lokkasten, der hinter dem Führerstand 2 von einem breiten, senkrechten, schwarzen Streifen unterbrochen ist. Blaue Streifen zieren die Seitenwände. Sie haben den Loks den Namen »Zebra« eingebracht. An den Stirnwänden und im schwarzen Absetzstreifen prangt das Lokomotion-Logo.

Inzwischen sind zahlreiche der bei privaten Eisenbahngesellschaften aktiven Loks der Baureihe E 10 wieder in älteren Farbvarianten der Deutschen Bundesbahn unterwegs. So gibt es wieder blaue, beige/purpurrote, beige/ozeanblaue und orientrote Maschinen. E 10 1239 und 110 383 sind beige/kobaltblau unterwegs. Dazu kommen noch neue Privatlackierungen wie bei der blau/kupferfarbenen 139 287 der Bayernbahn hinzu.

Eine besondere Lackierung hat auch die 110 169 bekommen, die von EuroExpress übernommen wurde. Sie war nämlich als einzige Kasten-E 10 zweifarbig beige/purpurrot unterwegs.

Außer den noch aktiven Maschinen erhielten auch mehrere Museumslok ältere Anstrichvarianten, darunter die beige/ozeanblaue 110 300, die orientrote 110 152 sowie die beiden blauen E 10 121 und 110 348.

Die 110 102 war kurzzeitig »Werbelok«, als sie Ende März 1989 für die Fernsehproduktion »teletour« des Südwestfunks unterwegs war. Am 30. März 1989 steht sie in Trier. | *Foto: C.-J. Jacobson*

3.2 Werbeloks

Seit etlichen Jahren gibt es sogenannte »Werbelokomotiven«. Dafür werden Maschinen unterschiedlicher Baureihen mit kommerziellen Werbungen, aber auch mit Logos und Farben zu aktuellen Themen und Ereignissen versehen. Diese bestehen meist aus Klebefolien, die nach einer gewissen Zeit wieder abgezogen werden. Darunter kommt der ursprüngliche Anstrich der Lok wieder zum Vorschein. Auch der Baureihe 110 blieben solche Aktionen nicht erspart.

Den Anfang machte im Februar 1996 die 110 487. Sie wurde mit Motiven aus der Sendung mit der Maus beklebt und zog drei ebenfalls zu

Anfang 1996 war die 110 487 als erste Werbelok zum 25-jährigen Jubiläum der Sendung mit der Maus unterwegs. Am 16. Februar 2016 traf sie in Starnberg ein. | *Foto: V. Emersleben*

Zwischen September 2007 und Februar 2008 trug die 110 243 Werbung für Wärmepumpen von Stiebel Eltron. Dabei behielt sie ihren verkehrsroten Anstrich, allerdings wurden die weißen Kontrastflächen an den Stirnseiten entfernt.
| *Foto: Dr. Ch. Schröfl*

diesem Thema dekorierte Reisezugwagen bis Anfang März 1996 von Köln aus quer durch Deutschland. Anlass für diese Tour war das 25. Fernsehjubiläum der Sendung mit der Maus.

Danach gab es fast zehn Jahre lang keine 110 mehr in Sonderlackierung. Erst im Frühjahr 2005 bekam die 110 169 eine Werbeaufschrift. DB Systemtechnik Minden hatte entschieden, ihre Versuchsloks nach außen hin kenntlich zu machen. So bekam die 110 zusammen mit den 120 501 und 120 502 den Schriftzug »Bahntechnik mit Kompetenz, DB Systemtechnik« und einen Aufkleber, der mehrere Puzzle-Teile darstellt.

Im Herbst desselben Jahres folgte die 110 511 der DB Fahrzeuginstandhaltung Dessau. Sie bekam einen weißen Lokkasten mit roten Absetzstreifen und entsprechenden Aufschriften. Die Maschine wurde als Ersatz zur Verfügung gestellt, wenn eine zur Ausbesserung ins Werk gekommen Lok nicht termingerecht zurückgegeben werden konnte. Sie konnte aber auch angemietet werden, war also bundesweit im Einsatz. Nach diesen beiden Werksmaschinen wurde wieder eine 110 mit kommerziellen Werbefolien beklebt.

Diesmal bekam die 110 325 eine zweifarbige Werbung, die das Reisebüro Ameropa, ein Tochterunternehmen der DB AG, bestellte. Eine Hälfte der Lok war komplett weiß, die andere hellblau. Die Fassaden alter Tübinger Stadthäuser zierten die blauen Seitenwände. Die Lok war mit mehreren Ausstellungswagen und einigen Flachwagen mit großen Werbeplakaten in ganz Deutschland unterwegs. Nach dem Ende der Werbekampagne, die im August 2007 stattfand, behielt die Lok zunächst die Folien und war vor Plan- und Sonderzügen im Einsatz. Erst Ende Januar 2008 wurden die Folien entfernt. Die Lok diente später ein zweites Mal als Werbeträger, nämlich vor dem »Science Express«.

Zuvor bekam die 110 243 auf den Seitenwänden große Aufkleber, mit denen sie zwischen September 2007 und Februar 2008 für Wärmepumpen von Stiebel Eltron warb. Die Lok behielt dabei ihren verkehrsroten Anstrich, allerdings wurden die weißen Kontrastflächen an den Stirnseiten entfernt. Auch die angehängten Ausstellungswagen bekamen einen roten Anstrich.

Der bunte KIKA-LIVE-Express, ein Werbezug des zugehörigen Fernsehsenders, war von März 2008 bis Mai 2008 auf den Gleisen der DB unterwegs. Dafür bekam die 110 321 die gleichen bunten Klebefolien wie die zugehörigen Ausstellungswagen.

Das Jahr 2009 wurde von der Bundesregierung zum Jahr der Wissenschaft erklärt. Dies sollte unter anderem durch den Ausstellungszug »Expedition Zukunft« bekannt gemacht werden, der innerhalb von sieben Monaten in mehr als 60 deutschen Städten Station machte. Der »Science Express« begann seine Reise am 23. April 2009 im Berliner Hauptbahnhof. Die zwölf nach verschiedenen Themen geordneten Ausstellungswagen sollten einen Blick in die Zukunft ermöglichen. Sie gingen verschiedenen Fragen nach, zum Beispiel »Wie leben wir in zwanzig Jahren? Wohin entwickeln sich Wissenschaft und Technik? Welche Zukunftstechnologien gibt es schon heute?« Die 110 325 und 110 329 waren die Zugloks der Garnitur. Sie wurden wie die Wagen mit farbigen Kreisen und

Ovalen auf weißem Grund beklebt. Nach dem Ende der Tour wurden die beiden Loks mit dieser Beklebung im Plandienst eingesetzt, am 26. April 2010 (110 325) und 18. Januar 2011 (110 329) ausgemustert und mit der Beklebung verschrottet.

Zwischen Oktober 2010 und Februar 2011 mietete AEG einen Ausstellungszug. Die Wagen und die zugehörige 110 457 bekamen eine Beklebung mit braungrünen Folien. An den Seiten hatte die Lok Werbeaufschriften. Auf den Stirnseiten trug sie weder Nummern noch Eigentumskennungen. Die Lok wurde nach ihrem Werbeeinsatz wieder »entklebt« und war danach wieder in Verkehrsrot im Einsatz.

2012 war 110 491 als Werbelok für den Deutschen Fußballbund DFB und den Süßwarenhersteller Ferrero unterwegs. Versehen mit mehreren Aufklebern verkehrte sie mit passenden Wagen am 9. und 10. Juni mit einem Sonderzug von Hannover nach Berlin und zurück. Ende Juli hatte sie die Aufkleber bereits wieder verloren.

Eine der letzten Werbeloks war 115 509 (ex 110 509) von DB AutoZug. Die grau/rote Lok erinnerte an das Jubiläum »80 Jahre Auto im Zug«. Die Beklebung zeigt auf beiden Längsseiten einen alten Rennwagen. Die Stirnseiten zierten Zielfahnen, wie sie bei Autorennen benutzt werden. Die Beklebung wurde vom Modellbahnhersteller Roco mitfinanziert, dessen Logo unter den seitlichen Fenstern am Führerstand 2 klebt. Passend zur großen Lok gab es deshalb auch ein Modell im Maßstab H0. Nach ihrer Ausmusterung im Dezember 2020 wurde sie von der Train4Train GmbH aus Bodenwerder übernommen und zunächst im AW Dessau hinterstellt.

Der 115 509 folgte 110 292. Sie gehört

Der KIKA-LIVE-Express war von März 2008 bis Mai 2008 in Deutschland unterwegs. Dafür bekamen die 110 321 und drei Ausstellungswagen bunte Klebefolien. Am 1. April 2008 hat der Zug Berlin erreicht. | *Foto: V. Emersleben*

Die 110 325 und 110 329 dienten im Sommer 2009 als Zugloks des »Science Express«. Später waren die Loks vor Planzügen anzutreffen, bis sie mit der Beklebung ausgemustert wurden. Am 8. Mai 2010 fährt die 110 329 solo durch Bremen Hbf. | *Foto: Th. Estler*

Das Reisebüro Ameropa, ein Tochterunternehmen der Deutschen Bahn, war mit einem Werbezug und der 110 325 im Sommer 2007 unterwegs. Eine Hälfte der Lok war weiß, die andere hellblau. Die Fassaden alter Tübinger Stadthäuser zierten die Seitenwände. Am 24. August 2008 steht sie in Berlin Hbf bereit. | *Foto: V. Emersleben*

Zwischen Oktober 2010 und Februar 2011 mietete AEG einen Ausstellungszug. Die Wagen und die 110 457 bekamen eine Beklebung mit braungrünen Folien. (Berlin Ostbahnhof, 8. Dezember 2010) | *Foto: V. Emersleben*

Für den Rewe-Supermarktzug wurde die 110 292 mit grünen Folien und passenden Aufschriften beklebt. Der Zug war im November 2021 in Hessen unterwegs. Die Lok hatte die Beklebung noch 2024. Am 25. September 2023 ist sie in Crailsheim abgestellt. | *Foto: M. Dostal*

115 509 erinnert an das 80-jährige Jubiläum »Auto im Zug«. Am 31. August 2016 bringt sie den IC 284 von Stuttgart Hbf nach Singen, hier in Böblingen. | *Foto: M. Dostal*

zwar noch der DB AG, wurde aber an die Gesellschaft für Fahrzeugtechnik mbH in Crailsheim verpachtet. Dort wurde sie mit grünen Folien beklebt und wirbt für den Rewe-Supermarktexpress, der im November und Dezember 2021 mit fünf zu Verkaufsräumen umgebauten Reisezugwagen in Hessen unterwegs war. 2023 trug sie die Folien immer noch.

Lok	Zeitraum	Werbung
110 243	09.2007–03.2008	Stiebel-Eltron Wärmepumpe
110 292	11.2021	Rewe-Supermarktexpress
110 321	03.2008–05.2008	KIKA-Live-Express
110 325	08.2007–01.2008 04.2009–02.2010	Ameropa Science-Express
110 329	04.2009–05.2010	Science-Express
110 457	10.2010–02.2011	AEG/Elektrolux
110 487	02.1996–04.1996	Sendung mit der Maus
110 491	06.2012–07.2012	EM-Fan-Connection 2012/Ferrero
115 509	09.2011	80 Jahre Autozug

4 BESCHAFFUNG UND EINSATZ

Als ab den 1950er-Jahren die Lokomotiven der Baureihe E 10 in Betrieb gingen, lösten sie die schweren Schlepptender-Dampflokomotiven im hochwertigen Reisezugdienst ab. Zum Ende ihrer Dienstzeit blieben ihnen meist nur noch Regional- und Nahverkehrszüge.

Die E 10 004 verlässt mit dem D 292 am 25. April 1955 den Bahnhof von Fürth. Der hintere Teil des Zugs ist aus neuen »Leicht-Schnellzugwagen« gebildet. | *Foto: C. Bellingrodt*

Als Werbemotiv für die AEG wurde die E 10 001 effektvoll am Rhein in Szene gesetzt.
| *Grafik: Slg. C.-J. Jacobson*

Die am 5. März 1953 beim Bw München Hbf in Dienst gestellte E 10 001 ist am 12. April 1958, mittlerweile in Nürnberg stationiert, mit einem Schnellzug in Frankfurt/Main unterwegs.
| *Foto: J. Claus (Eisenbahnstiftung)*

4.1 Beschaffung der Prototypen

Die Zeit der E 10 auf den Gleisen der Deutschen Bundesbahn begann im August 1952, als E 10 001 ihre ersten Fahrversuche vor den Werkstoren von Krauss-Maffei in München Allach unternahm. Damals hatte die Lok allerdings noch nicht ihren eleganten blauen Anstrich, sondern war im hellgrauen Grundieranstrich unterwegs, auch die Schilder fehlten noch. Am 1. November wurde die fertige Maschine schließlich offiziell an die Bundesbahn übergeben. Die erste Abnahmefahrt fand am 7. November 1952 unter der Regie der Deutsche Bundesbahn auf der Strecke von München-Freimann nach Freilassing statt. Nachdem einige Mängel behoben worden waren, übernahm die Bahn die Lok Anfang Januar 1953.

Parallel dazu wurden auch E 10 002 bis E 10 004 fertiggestellt und der Bundesbahn übergeben, sodass zu Beginn des Jahres 1953 vier Maschinen zur Verfügung standen. Im Frühjahr 1953 folgte E 10 005. Zu dieser Zeit wurde E 10 002 bereits wegen größerer Probleme zur Nachbesserung an den Hersteller zurückgegeben. Erst ab Mai 1953, als diese Maschine erneut von der Deutsche Bundesbahn abgenommen worden war, standen alle fünf Versuchsmaschinen zur Verfügung. Zunächst durfte E 10 002 aber nur bis zu einer Geschwindigkeit von 100 km/h eingesetzt werden, weil noch Änderungen an den Drehgestellen ausstanden. Diese wurden im Sommer 1953 ausgeführt, sodass die Lok nun für 130 km/h zugelassen werden konnte.

Die E 10 005 entstand 1953 bei Henschel/AEG mit Sécheron-Antrieb und BBC-Hochspannungssteuerung. Sie war baugleich mit der E 10 004 und diente als praxisnaher Erprobungsträger unterschiedlicher Komponenten. Am 13. Juli 1958 ist sie in Würzburg Hbf eingetroffen.
| *Foto: H. Röth (Eisenbahnstiftung)*

Die E 10 148 vom Bw Koblenz-Mosel ist gerade drei Wochen im Dienst, als sie am 7. September 1958 mit dem E 3128 in Worms ankommt.
| *Foto: H. Röth (Eisenbahnstiftung)*

Begegnung von E 10 185 und der E 18 048 am 11. Mai 1958 in München Hbf. Symbolisch tritt die alte E 18 bereits hinter die neue E 10 zurück. | *Foto: C. Bellingrodt*

Während E10 001, E10 002, E 10 004 und E 10 005 in München beheimatet wurden, kam E 10 003 zunächst nach Nürnberg. E 10 001 bis E 10 004 waren für Versuchsfahrten vorgesehen. Dabei sollten auch Planleistungen der E 18 zwischen München und Stuttgart gefahren werden. E 10 005 sollte sofort im Plandienst eingesetzt werden.

Auf der Deutschen Verkehrsausstellung, die im Sommer 1953 in München stattfand, wurden abwechselnd E 10 001, E 10 002, E 10 003 oder E 10 004 dem Publikum gezeigt. Nach dem Ende der Ausstellung begannen im September 1953 die Mess- und Untersuchungsfahrten. Dabei wurden die Loks bevorzugt auf die Strecke von Freilassing nach Berchtesgaden und über die Geislinger Steige geschickt, aber auch eine Fahrt über die Arlberg-Westrampe in Österreich gehörte mit zum Programm.

Während dieser Fahrten zeigen sich noch zahlreiche Mängel und Unzulänglichkeiten, die beseitigt werden mussten, sodass die Loks in ihren ersten Jahren viel Zeit im Ausbesserungswerk München-Freimann verbrachten. Deshalb lagen die Kilometerleistungen zunächst nur bei 20.000 km bis 30.000 km pro Monat. In dieser Zeit gab es für die Loks noch keinen eigenen Umlaufplan.

Im Oktober 1954 wurde die Verbindung zwischen Würzburg und Nürnberg elektrifiziert. Dafür wurden in Nürnberg elektrische Lokomotiven benötigt. Die Bahn entschied alle fünf E 10^0 dort zu beheimaten.

Im Sommerfahrplan 1955 erhielten die E 10^0 ihren ersten eigenen Umlauf. Dieser führte sie nach Regensburg, Würzburg und München. Im Herbst 1955 war E 10 001 auf einer Industriemesse in Berlin zu sehen. Während dieser Zeit wurden öfter Lokomotiven für Messfahrten oder Ausstellungen benötigt, auch gab es immer Ausfälle, sodass Elloks anderer Baureihen in den E 10-Plänen aushelfen mussten.

Bereits im Frühjahr 1956 hatte E 10 005 einen Unfall und fiel mehrere Monate aus. Sie war mit einem Lkw zusammengestoßen und musste im AW München-Freimann aufwendig repariert werden, denn es mussten Drehgestelle und Radsätze ausgetauscht werden. Im November 1956 kam die Lok wieder nach Nürnberg zurück.

Im August 1959 ist die E 10 139 mit dem D 257 (München–Wiesbaden) bei Würzburg am Main unterwegs. | *Foto: C. Bellingrodt (Eisenbahnstiftung).*

Die E 10 003 wurde am 10. Dezember 1952 beim Bw Nürnberg Hbf in Dienst gestellt und steht am 20. Februar 1960 in Frankfurter/Main Hauptbahnhof. Bis auf den Zeitraum von Dezember 1953 bis April 1954 in München war sie ihre komplette Einsatzzeit in Nürnberg stationiert. | *Foto: J. Claus (Eisenbahnstiftung)*

E 10 164 wurde am 30. Januar 1958 in Dienst gestellt. Zum Zeitpunkt der Aufnahme 1960 in Ulm gehörte sie zum Bw Stuttgart-Rosenstein. | *Foto: A. E. Durrant (Eisenbahnstiftung)*

Die E 10 001 vom Bw Nürnberg Hbf fährt am 5. August 1961 mit dem F 22 »Rheingold« (Dortmund–Köln–Frankfurt/Main–Würzburg–München durch Hanau. | *Foto: H. Röth (Eisenbahnstiftung)*

Auch »niedere« Dienste gehörten zu den Aufgaben der E 10^{12}. So rangierte die gerade einmal ein halbes Jahr alte E 10 1239 am 25. August 1962 in Mannheim Hbf den leeren Wagenpark des N 3253 an die Seite. | *Foto: H. Röth (Eisenbahnstiftung)*

Die seit April 1962 zum Bw Heidelberg gehörende provisorische »Rheingold«-Lok E 10 1242 trifft am 4. Mai 1962 vor einem Schnellzug in Frankfurt/Main Hbf ein. | *Foto: W. Hollnagel (Eisenbahnstiftung)*

4.2 Die ersten Serienloks

Ab 1956 ergänzten die ersten Serienloks E 10^1 die kleine Flotte der Vorserien E 10^0. Die sieben Serienmaschinen wurden zwar in diesem Jahr von der Industrie geliefert, gingen aber erst 1957 nach ihrer Abnahme im AW München-Freimann bei der Bundesbahn in Betrieb. Im Laufe dieses Jahres wurden weitere E 10^1 geliefert, sodass die Bahn Ende 1957 insgesamt 34 Loks dieser Baureihe zur Verfügung standen.

Im selben Jahr wurden die elektrischen Lücken auf der Rheintalstrecke geschlossen, nun konnten Elloks von Frankfurt (Main) bis Basel eingesetzt werden.

Mit einem Sonderzug steht die E 10 385 im Jahr 1965 an diesem bemerkenswerten Signal in Mainz-Bischofsheim. | *Foto: R. Palm (Eisenbahnstiftung)*

Die E 10 247, die von ihrer Indienststellung am 13. Juni.1962 bis zur Ausmusterung am 31. Januar 2001 ausschließlich in Dortmund stationiert war, steht im Mai 1964 in Essen Hbf abfahrbereit vor einem Schnellzug. | *Foto: K. D. Hensel (Eisenbahnstiftung)*

Ebenfalls mit einem Sonderzug ist die TEE-Maschine E 10 1270 am 6. Juni 1965 in Hamburg-Altona eingetroffen. Während die Lok noch die alte blaue/cremefarbene Lackierung trägt, sind die Wagen schon rot/cremefarben. | *Foto: D. Höltge*

Die E 10 152 vom Bw Köln-Deutzerfeld fährt im Juni 1966 mit dem D 182 in Wuppertal-Oberbarmen ein. Damals konnte man noch umsteigefrei von Wuppertal-Oberbarmen (Abfahrt 14.53 Uhr) nach Paris Nord fahren (Ankunft um 22.06 Uhr). | *Foto: Dr. H.-J. Vorsteher (Eisenbahnstiftung)*

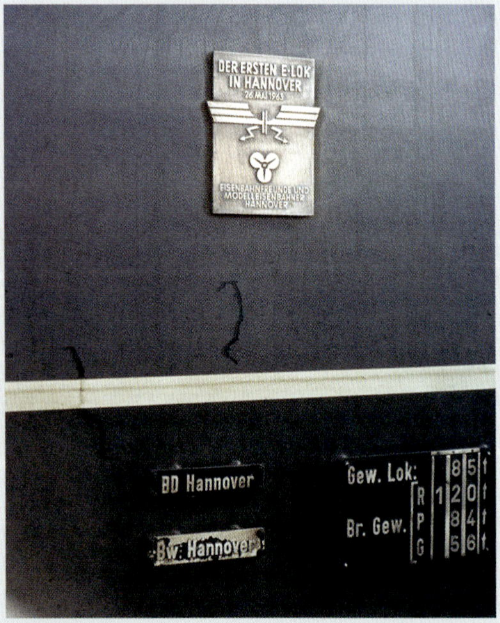

Die Eisenbahnfreunde und Modelleisenbahner Hannover versahen mehrere E 10 mit kleinen Plaketten, die auf besondere Ereignisse hinwiesen, wie hier auf die erste E-Lok in Hannover an der E 10 286.
| *Foto: H. Tritter*

Im Jahr 1967 steht E 10 258 vom Bw Hamburg-Eidelstedt mit einem Eilzug abfahrbereit in Hamburg Hbf. | *Foto: R. Fell (Eisenbahnstiftung)*

Die seit dem 24. Dezember 1965 fabrikneu beim Bw Köln-Deutzerfeld beheimatete E 10 399 trifft am 11. März 1967 dort auf die 01 061 aus Trier und die 23 039 aus Mönchengladbach.
| *Foto: K. Reimelt (Eisenbahnstiftung)*

Auch zwischen Frankfurt (Main) und Aschaffenburg konnte nun elektrisch gefahren werden. Das elektrische Streckennetz hatte inzwischen eine Länge von mehr als 2.600 km. Am 4. Juli 1957 bespannte die E 10 101 den Eröffnungszug zwischen Karlsruhe und Offenburg. Beheimatet wurden die E 10 in Offenburg (E 10 101 bis 104, 107 bis 109, 111, 132 bis 134, 152 und 153), Heidelberg (E 10 105, 106, 110, 112 bis 115, 154, 155, 168 und 169) und Frankfurt (Main) (E 10 135, 136, 156 bis 161). Mit den E 10 162 und 163 kamen zwei Maschinen nach Stuttgart. Allerdings blieben die Loks aber nicht bei den oben genannten Betriebswerken, noch 1957 wurde mehrmals zwischen den Werken hin und her getauscht. Das Haupteinsatzgebiet sollte die Rheinstrecke werden.

Seit ihrer Ablieferung am 27. Oktober 1967 trug die 110 477 versuchsweise zwei weiße Streifen an den Stirnseiten zur besseren Erkennbarkeit bei schlechter Witterung. Diese wurden bei einem Aufenthalt im Aw Opladen im September 1968 wieder entfernt. Am 7. August 1968 entstand dieses Bild in Frankfurt/Main Hbf.
| *Foto: J. Claus (Eisenbahnstiftung)*

Die Münchener E 10 343 ist im Februar 1968 mit einem Güterzug im Bahnhof Klais eingetroffen. | *Foto: R. Palm (Eisenbahnstiftung)*

1957 änderten die fünf Vorserienmaschinen etwas ihr Aussehen. Sie bekamen nämlich das nun vorgeschriebene obere Spitzenlicht. Auch verschwanden nach und nach die mittleren Zierlinien bei E 10 003 bis 005.

Das erste Einsatzjahr der Serien-E 10 brachte natürlich auch deren Mängel und Unzulänglichkeiten zutage. So zeigte sich recht schnell, dass die Maschinen bei Geschwindigkeiten über 80 km/h keine guten Laufeigenschaften aufwiesen. Sie neigten auf geraden Strecken so stark zum Schlingern, dass

Die E 10 428 vom Bw Frankfurt 1 fährt im Mai 1968 auf der linken Rheinstrecke mit einem Schnellzug durch St. Goar nordwärts. | *Foto: R. Todt (Eisenbahnstiftung)*

Diese schöne Häuserzeile in Neuwied dient am 23. Juni 1968 als Hintergrund für die 110 144 mit ihrem Schnellzug.

Die Loks der Baureihe 110 waren auch in Österreich unterwegs. So zieht die 110 449 am 1. Juli 1973 einen TEE von Innsbruck in Richtung Brenner. Von dort geht der Zug weiter nach Italien. | *Fotos: D. Höltge*

ihre Höchstgeschwindigkeit zunächst auf 80 km/h begrenzt werden musste. Eine der Ursachen für den schlechten Lauf waren die Stahlfedern der Drehgestelle. Nachdem diese gegen Gummifedern ausgetauscht worden waren, verbesserte sich der Lauf so weit, dass die Loks wieder ihre volle Höchstgeschwindigkeit fahren durften. Neue Lok wurden nun gleich mit den Gummifedern geliefert.

Allerdings ließen die Laufeigenschaften bei über 140 km/h immer noch zu wünschen übrig. Deshalb vergab die Bundesbahn den Auftrag an Krauss-Maffei und Henschel, neue Drehgestelle für die E 10 zu entwickeln. Nach zahlreichen Versuchen entschied sich die Bahn für die Henschel-Bauart, die später

Zwischen Kufstein und Innsbruck liegt Jenbach. Hier ist die 110 336 am 2. Juli 1973 unterwegs. | *Foto: D. Höltge*

unter den Loks der Baureihe E 10^{12} zum Einsatz gelangte.

Zu Beginn des Jahres 1958 war die Verbindung zwischen Nürnberg und Frankfurt (Main) durchgehend elektrifiziert und konnte von den E 10 bedient werden. Dabei kamen sowohl Vorserienmaschinen als auch Serienloks zum Einsatz. Eine weitere wichtige Magistrale der E 10 wurde die Verbindung zwischen Frankfurt (Main) und Stuttgart, außerdem erweiterte sich das Einsatzgebiet der E 10 nach Norden. Entlang des Rheins konnten die Züge nun bis Bonn elektrisch fahren. Dafür beheimatete die Bahn E 10 122, 123, 125, 127 bis 131, 142 bis 151, 194 und 201 bis 210 in Koblenz. Einige der Maschinen wurden noch im gleichen Jahr übergangsweise nach Mainz umstationiert. Ende 1958 waren von den 112 Serienloks zwölf in Mainz beheimatet. Die anderen verteilten sich auf die Betriebswerke Dortmund Bbf (3 Loks), Frankfurt (Main) 1 (20 Loks), Heidelberg (41 Loks),

Die 110 365 mit Warnanstrich und 110 356 stehen im Jahr 1975 mit einem Eilzug abfahrbereit in Hamburg-Altona. Wie bei einem Vorspann üblich, hat die 110 365 den vorderen Stromabnehmer angelegt. | *Foto: K. Mattern*

Im Jahr 1976 treffen sich die beiden Vorserienmaschinen 110 003 und die 218 001 in Bamberg. Zwischen den Indienststellungen der beiden Maschinen liegen knapp 16 Jahre. | *Foto: Th. Estler*

Gegen Ende ihrer Einsatzzeit wurden die Vorserien-E 10 vorwiegend im Eilzugdienst in Franken eingesetzt. So ist die 110 005 im Jahr 1975 mit einem solchen Zug bei Kronach unterwegs. | *Foto: K. Risch (Eisenbahnstiftung)*

Die 110 344 vom Bw Köln-Deutzerfeld ist am 13. August 1976 vor einem aus niederländischen Wagen gebildeten Eilzug von Köln nach Rotterdam in Pulheim bei Köln unterwegs. | *Foto: P. Schiffer (Eisenbahnstiftung)*

Karlsruhe Hbf (3 Loks) und Stuttgart (17 Loks). In den ersten beiden Einsatzjahren waren die Kilometerleistungen der E 10^1 noch recht gering, dies lag unter anderem an Problemen und Schäden, die an den neuen Loks auftraten. Oft mussten Ersatzloks gestellt werden.

Leider entgleiste im Januar 1958 E 10 002 vor dem D 302 in der Nähe von Langenprozelten und fiel bis in den Juni 1958 aus.

1959 elektrifizierte die Bundesbahn vor allem Lücken, die die einzelnen Teilnetze zusammenwachsen ließen. Am Ende des Jahres waren etwa 3.460 km Gleise mit Fahrdraht überspannt. Wichtige neue Strecken waren dabei Köln–Düsseldorf, Duisburg/Mülheim–Oberhausen, Bietigheim–Heilbronn und Regensburg –Passau. Es wurden also nicht viele neue Elloks benötigt. Die vorhandenen Loks konnten aber über längere Strecken an den Zügen bleiben.

Nochmals eine Begegnung einer 110 mit einer anderen besonderen Baureihe. Im Jahr 1978 kommt die 110 288 in Augsburg Hbf neben der 210 005 mit ihren Gasturbinen-Zusatzantrieb zu stehen.

Mit einem langen, aus Wagen des Reisebüros »Apfelpfeil« gebildeten Sonderzug ist die 110 386 im Jahre 1978 auf der Güterumgehungsbahn bei Stuttgart-Münster unterwegs. | *Fotos: Th. Estler*

Die Laufleistungen der E 10 erhöhten nun sich deutlich. Sie erreichten oft um die 30.000 km im Monat, dabei wurden Langläufe zwischen Dortmund und Freilassing von knapp 900 km gefahren. Als Neuzugänge sind für 1959 nur die E 10 207 zum Bw Koblenz sowie E 10 214 und E 10 215 beide zum Bw Frankfurt (Main) zu vermelden. Allerdings wurde der Bestand neu geordnet. Zum ersten Mal wurden Loks der Baureihe E 10 in Dortmund Bbf beheimatet, das über die elektrische Verbindung Köln–Düsseldorf mit dem südlichen Netz verbunden war. Auch Köln-Deutzerfeld bekam die Baureihe E 10. Zum Ausgleich wurden die Beheimatungen in Koblenz-Mosel und Mainz aufgegeben. Hier übernahmen Maschinen der Baureihe E 41 den Dienst im Nah- und Regionalverkehr.

Bei Ludwigsburg hat die 112 502 im Jahr 1978 einen Postzug am Haken, in den auch mehrere Gepäckwagen der Bundesbahn eingereiht sind. | *Foto: Th. Estler*

Auch vor den »Pop«-Wagen der 1970er-Jahre gibt eine blaue 110 eine gute Figur ab. Am 12. April 1978 ist die 110 415 mit solchen Wagen bei Ötisheim unterwegs | *Foto: D. Höltge*

Auf der Verbindung nach Passau nutzte die Bahn die weiterhin in Nürnberg stationierten Vorserienmaschinen und stellt für sie einen dreitägigen Umlauf mit im Durchschnitt etwa 900 km/Tag auf. Die Paradeleistung der Loks war zu dieser Zeit der F 51 »Wien-Ostende-Express«, der zwischen Würzburg und Frankfurt (Main) mit diesen Loks gefahren. Stand keine E 10^0 zur Verfügung, wurden deren Leistungen mit den Baureihen E 10^1 oder E 18 gefahren.

4.3 Die besten Jahre der E 10

1960 wuchs das Netz der elektrifizierten Strecken zwar um mehr knapp 320 km, mit E 10 216 und E 10 217 kamen nur zwei neue Loks dieser Baureihe zur Deutschen Bundesbahn. Sie wurden in Stuttgart beheimatet. Somit stieg der Bestand bis Ende 1960 auf 117 Serienloks an. Allerdings wurden die Maschinen immer weiter nach Norden verlegt. So waren in Dortmund nun 13 und in Köln 24 Loks beheimatet. Nördlichster Wendebahnhof der Loks war Hamm, im Süden wurde Basel erreicht.

Obwohl die Deutsche Bundesbahn immer wieder über die Ausmusterung der Prototypen nachdachte, entschied sie sich trotz hoher Unterhaltungskosten

Bei Oberrieden führt ein Stahlviadukt über die Werra. Hier ist die 110 291 am 31. Juni 1978 mit ihrem Schnellzug unterwegs. | *Foto: D. Höltge*

Die Köln-Deutzerfelder 110 411 bespannt am 19. Mai 1979 den E 2425 bei Kaub am Rhein. | *Foto: W. Bügel (Eisenbahnstiftung)*

Bei ihrer Fahrt zwischen Osnabrück und Bremen am Abend des 9. September 1979 zieht eine blaue »Bügelfalten«-110 bei Bohmte ihren InterCity über die Stahlbrücke, die über den Mittellandkanal führt. | *Foto: D. Höltge*

für deren Weiterbetrieb. Ab Anfang der 1960er-Jahre fuhren fünf die Vorserien-E 10 von Nürnberg aus auch nach Coburg. Sie waren aber weiterhin nach Schäden oft lange in den Ausbesserungswerken abgestellt, weil Ersatzteile nicht zur Hand waren und erst langwierig angefertigt werden mussten. So war E 10 002 das ganze Jahr 1960 abgestellt. E 10 003 war sogar von Herbst 1960 bis Anfang 1966 außer Betrieb. Dies war einer der Gründe dafür, dass die Vorserie ab Mitte der 1960er-Jahre aus dem hochwertigen Reisezugdienst abgezogen wurde. Die E 10^0 hatten nun mehr und mehr Eil- und Nahverkehrszüge zwischen Nürnberg und Probstzella zu ziehen. Aber auch Coburg, Bamberg und Treuchtlingen gehörten zu den Wendebahnhöfen. 1967 erreichten die Loks Frankfurt (Main) Hbf nur noch mit dem E 683 und dem D 304.

1961 stockte die Bahn den Bestand an E 10 um 21 Lokomotiven auf 138 Maschinen auf. Dies war notwendig geworden, weil in diesem Jahr mit dem Abschnitt Hanau–Fulda ein erstes elektrifiziertes Teilstück der Nord-Süd-Verbindung in Betrieb ging. Dabei konnte die Deutsche Bundesbahn bei Wächtersbach ihren 4.000sten elektrifizierten Streckenkilometer in Betrieb nehmen. Auf der rechten Rheinstrecke machte die Elektrifizierung ebenfalls Fortschritte. Nun konnten auch zwischen Oberhausen und Dortmund Elloks fahren. Außerdem wurden die Verbindungen zwischen Frankfurt (Main) und Wiesbaden sowie zwischen Wiesbaden und Oberlahnstein elektrifiziert.

Der erhöhte Bedarf an Schnellzugloks wurde mit den neuen E 10 218 bis E 10 238 gedeckt, die noch mit dem herkömmlichen Kasten geliefert wurden. Sie wurden in den Betriebswerken Stuttgart, Köln (E 10 226 und 227) und Dortmund (E 10 222 bis 224) beheimatet. Einige Loks erreichten nun planmäßig tägliche Laufleistungen von über 1.000 km. Außerdem gab es vereinzelt Langläufe von knapp 900 km ohne Lokwechsel. Dazu gehörte besonders der Turnusverkehr von Dortmund nach Freilassing, der von Dortmunder E 10 gefahren wurde. Um den nun erhöhen Bedarf in Frankfurt zu decken, stationierte die Bundesbahn E 10 161 bis 167 und 192 bis 195 dorthin um.

1962 nahm das elektrifizierte Netz um etwa 430 Kilometer zu. So konnten nun die rechte Rheinstrecke zwischen Niederlahnstein und Oberhausen sowie die Verbindung zwischen Ingolstadt und Treuchtlingen elektrisch befahren werden. München bekam seine ersten Serien-E 10 für die Beförderung von Zügen zwischen München und Nürnberg.

Die 110 363 vom Bw Hamburg 1 ist am 11. Mai 1980 mit einem TUI-FerienExpress bei Salzderhelden unterwegs. Um Reisenden bei Pauschalangeboten die An- und Abreise zum Urlaubsort aus einer Hand anbieten zu können, beschloss die TUI Ende der 1970er-Jahre, eigene Nacht-Reisezüge bauen zu lassen. | *Foto: Prof. Dr. W. Hager (Eisenbahnstiftung)*

Die Loks wurden bald auch vor Schnellzügen nach Stuttgart und in Richtung Österreich eingesetzt. Nach Stuttgart lösten sie die schwächeren Schnellzugloks der Baureihe E 18 ab. Somit mussten die Züge auf der Geislinger Steige nicht mehr nachgeschoben werden.

Für die geplante Einführung des neuen »Rheingold« ließ die Bundesbahn in diesem Jahr aus den bewährten E 10 neue, 160 km/h schnelle Loks entwickeln. 1961 gab es dafür schon zahlreiche Designentwürfe, die unterschiedlichen Formen und Farbgebungen der neuen E 10^{12} zeigten. Als die Entscheidung für eine Variante gefallen war, wurde ein 1:1-Modell gefertigt, nach dem sich die Lokomotivhersteller zu richten hatten. Weil die E 10^{12} für die Einführung des »Rheingold« 1962 nicht rechtzeitig fertig wurden, baute man E 10 239 bis E 10 244 für eine Höchstgeschwindigkeit von 160 km/h um. Die Loks bekamen den zu den Wagen passenden zweifarbigen Anstrich und die Loknummer wurde in E 10 1239 bis E 10 1244 geändert. Nachdem die »Bügelfalten«-Loks E 10 1265 bis E 10 1270 für den »Rheingold« abgeliefert worden waren, wurden die Kastenloks wieder zurückgebaut, mit dem blauen Regelanstrich versehen und die Ordnungsnummer um 1.000 herabgesetzt. Außer den fünf »Bügelfalten«-Loks beschaffte die Bundesbahn in diesem Jahr E 10 245 bis E 10 249 und E 10 261 bis E 10 264, die wieder den alten Kasten erhielten. Die Maschinen wurden in den Betriebswerken Heidelberg, Köln und Dortmund beheimatet.

Die nächsten beiden Jahre waren relativ ruhig in Bezug auf die E 10. Die Bundesbahn erweiterte kontinuierlich ihr elektrisches Streckennetz und zwischen Wanne-Eickel und Haltern wurde der 5.000ste Streckenkilometer elektrifiziert, darunter allerdings die »Nord-Süd-Verbindung« zwischen Würzburg und Hannover. Der Bestand an E 10 nahm 1963 um 30 Kasten-Maschinen und vier E 10^{12} zu. Dazu kamen die ersten 21 Maschinen der Unterbaureihe E 10^{3} mit dem »Bügelfalten«-Kasten. 1964 folgten 41 E 10^{3} und die letzten beiden E 10^{12} für den »Rheinpfeil«.

Der »Rheinpfeil« wurde bereits im Sommer 1963 analog zum »Rheingold« auf das neue Wagenmaterial umgestellt. Damit benötigte die Bahn auch für diesen Zug die 160 km/h schnelle E 10^{12}. Wieder gab es Probleme mit der Fertigstellung der schnellen »Bügelfalten«-Loks und wieder wurden E 10^{1} provisorisch umgebaut. Diesmal bekamen E 10 250 bis E 10 254

Am 24. Juli 1980 bespannt die 110 365 den Autoreisezug AE 9473 von Hamburg-Altona nach Avignon in Frankreich. Die Aufnahme entstand bei Olxheim. | *Foto: Prof. Dr. W. Hager (Eisenbahnstiftung)*

Nach der Elektrifizierung der Emslandstrecke kamen 110 auch bis nach Norden-Norddeich. 110 448 fährt am Stellwerk vorbei und setzt sich vor ihren Zug, der am Mole-Bahnsteig steht. | *Foto: C.-J. Jacobson*

Die 110 107 gehört zu den nach Unfällen wieder aufgebauten Maschinen. Sie bekam einen neuen Kasten und Verschleißpufferbohlen. Außerdem ist bei ihr das DB-Emblem an der Front tiefer montiert als üblich. (Heidelberg, 8. August 1981) | *Foto: M: Dostal*

Im Sommer 1981 steht die zweifarbige 110 199 im Bw Oldenburg für weitere Einsätze bereit. Auffällig ist die große Führerstandziffer neben der Einstiegstür. | *Foto: Th. Estler*

Mit einem Eilzug hat die 110 329 im Sommer 1981 die große Halle von Bremen Hbf erreicht. Am Schluss hat eine Klein-Diesellok Wagen dem Zug beigestellt. | *Foto: Th. Estler*

die neuen Getriebe und die zweifarbige Lackierung. Allerdings verzichtet man darauf, die Ordnungsnummer zu erhöhen. Ab Ende 1963 wurden die für den Zug vorgesehenen E 10 1308 bis E 10 1312 ausgeliefert und die »Kasten«-Loks wieder der Serie angepasst.

1963 wurde mit der Verbindung zwischen Stuttgart und Böblingen das erste Teilstück der »Gäubahn« in Richtung Bodensee und Schweiz elektrifiziert, das die E 10 zunächst nur mit Eilzügen befuhr.

Wichtigste Maßnahme zur Erweiterung des Einsatzbereichs war die Elektrifizierung der Verbindun-

gen zwischen Eichenberg und Kassel sowie zwischen Hannover und Bremen. Nun konnten die Züge mit den E 10 vom Süden Deutschlands bis in den Norden gebracht werden. 1963 und 1964 waren deshalb E 10 in Hannover beheimatet, weil das dafür vorgesehene Betriebswerk in Seelze für die Unterhaltung von Elloks noch nicht ertüchtigt war. Zuerst mussten der alte Dampflokschuppen abgerissen und eine neue Halle für Elektroloks gebaut werden. Bis diese Baumaßnahmen abgeschlossen waren, hatte sich die Deutsche Bundesbahn aber entschieden, keine E 10 mehr in Seelze zu beheimaten. Seelze wurde Heimat für die Baureihe E 40 und E 41.

Der Lückenschluss zwischen Ludwigshafen und Kaiserslautern band den Inselbetrieb rund um Saarbrücken an das übrige elektrifizierte Netz der Bundesbahn an.

Als neues Bahnbetriebswerk bekam nun auch Augsburg Loks der Baureihe E 10 zugeteilt. Allerdings waren es mit E 10 324 und E 10 329 nur zwei Exemplare, die im Februar 1964 nach Schwaben kamen. Auch ging die E 10 324 schon im Mai wieder zurück nach München, was darauf hindeutete, dass die Loks nur als Zwischenlösung nach Augsburg kamen.

1965 hatte das elektrische Netz eine Länge von knapp 6.500 km erreicht. Neben den elf »Rheingold«- bzw. »Rheinpfeil«-Maschinen waren nun 289 blaue

Mit dem Autoreisezug Dk 9725 (Münster–München Ost) konnte die 110 208 am 10. Februar 1981 auf der Ruhr-Siegstrecke nahe Benolpe aufgenommen werden. | *Foto: W. Bügel (Eisenbahnstiftung).*

Die Burg Zwingenberg im Neckartal bildet ein schönes Motiv für Eisenbahnfotografen. Am 25. April 1981 passiert die 110 431 vor dem D 790 (Lindau–Wilhelmshaven) die bekannte Stelle. | *Foto: J. Bügel (Eisenbahnstiftung)*

Nochmals eine Aufnahme am Rhein, diesmal bei Rüdesheim. Hier hat die 110 159 vom Bw Köln-Deutzerfeld am 13. August 1981 mit ihrem kurzen N 7028 nicht viel Mühe. | *Foto: J. Bügel (Eisenbahnstiftung)*

Die Geislinger Steige ist schon immer eine Herausforderung für Lokomotiven. Oft muss den Zügen eine Schiebelok beigestellt werden. Bei diesem kurzen Postzug, den die 110 238 hier im April 1982 zu befördern hat, ist dies aber nicht notwendig. | *Foto: Th. Estler*

Bei Besigheim am Neckar führt die Bahnlinie entlang von Weinbergen. Hier ist die 110 296 im April 1982 mit einem Eilzug unterwegs. | *Foto: Th. Estler*

Anfang der 1980er-Jahre war 110 440 ohne DB-Emblem an der Stirnseite unterwegs, was der Lok ein eigentümliches Aussehen verlieh. Am 9. Juni 1982 verlässt sie mit einem Nahverkehrszug die Hohenzollernbrücke in Richtung Köln Hbf. | *Foto: M. Dostal*

Die 110 124 verlässt am 13. Februar 1982 mit dem D 347 (Köln–Düsseldorf–Hannover–Berlin Stadtbahn) die alte Rheinbrücke bei Düsseldorf-Hamm. | *Foto: J. Bügel (Eisenbahnstiftung)*

E 10 unterwegs. Mit dem Sommerfahrplan kamen die E 10 erstmals planmäßig nach Österreich. In Langläufen fuhren Frankfurter Maschinen über Nürnberg und Passau bis nach Wien. Im Norden erreichte der Fahrdraht nun Hamburg und zwischen Treuchtlingen und Würzburg wurde die letzte elektrische Lücke geschlossen, die einem Durchlauf von Elloks zwischen München und Hamburg im Weg gestanden hatte. Das Bw Hamburg-Eidelstedt bekam 1965 für diese Aufgabe die fabrikneuen E 10 361 bis E 10 379 und E 10 381 zugewiesen. E 10 380 ging nach Köln-Deutzerfeld. Außerdem wurde der komplette Bestand aus Hannover nach Hamburg umbeheimatet, sodass Hamburg-Eidelstedt nun mit 52 Maschinen eine E 10-Hochburg war. Hamburg setzte seine Loks aber nicht nur im Plandienst ein, sondern bespannte auch zahlreiche Urlauber-, Sonder- und Turnuszüge in Richtung Süden. Teilweise fuhren die E 10 in Langläufen über 1.000 km bis in die Alpen. Im Rahmen von Austauschvereinbarungen zwischen der Deutschen Bundesbahn und den Österreichischen Bundesbahnen erreichten sie fallweise sogar am Brenner die italienische Grenze.

Die Toppleistung der E 10 im Jahr 1965 war die Bespannung des TEE 55/56 »Blauer Enzian«, den Münchener Loks beförderten. Allerdings mussten die E 10 den Zug noch im selben Jahr an die vier neu gelieferten Prototypen der Baureihe E 03 abgege-

Die alte Düsseldorfer Rheinbrücke bildet die Kulisse für die 110 283, die am 13. Februar 1982 mit dem E 3176 auf Weg nach Neuss ist. | *Foto: J. Bügel (Eisenbahnstiftung)*

Die 110 146 war eine der letzten blauen 110 mit großen Lampen, waagerechten Lüfterlamellen und grauem Dach. Allerdings sind UIC-Griffe und -Tritte bereits nachgerüstet. Der fehlende weiße Streifen an den Stirnseiten verleiht der Lok ein ungewöhnliches Aussehen.
| *Foto: M. Dostal*

Ein berühmtes Fotomotiv an der Strecke Treuchtlingen–Ingolstadt ist die Einfahrt von Dollnstein. Am 12. August 1983 passiert die 110 166 mit dem E 3242 das dortige Einfahrsignal.
| *Foto: M. Dostal*

ben, die auch noch weitere Leistungen von den E 10 übernahmen. 1965 wurde auch die Verbindung von Frankfurt (Main) über Gießen nach Hagen auf elektrischen Betrieb umgestellt. Wegen Umbauarbeiten im Betriebswerk Frankfurt (Main) Hbf und dem daraus resultierenden Platzmangel wurden 1964 bis 1966 einige E 10 in Frankfurt-Griesheim beheimatet, eigentlich ein Betriebswerk für Dieselloks und -triebwagen. Nach dem Ende der Umbaumaßnahmen kamen die Elloks wieder ins Bw Frankfurt (Main) zurück. Im Winter 1966/67 bespannte die E 10 den F 5/6 zwischen München und Kehl. Dabei fand in Stuttgart Hbf, einem Kopfbahnhof, ein Lokwechsel von E 10 auf E 10 statt.

1967 und 1968 zeichnete sich ein wirtschaftlicher Einbruch ab und es wurden weniger Streckenkilometer elektrifiziert als in den Vorjahren. Trotzdem kamen wieder zahlreiche E 10 zur Deutschen Bundesbahn.

Ende August 1967 fertigte Krauss-Maffei in München Allach mit E 10 463 seine 500. Neubauellok und übergab diese im Rahmen einer Feier an die Deutsche Bundesbahn, die sie in Köln beheimatete.

Mit E 10 482 nahm sie am 28. Dezember 1967 die letzte E 10 mit alter Nummer ab. Das Betriebswerk Nürnberg gab mit E 10 1308 bis E 10 1312 seine $E\ 10^{12}$ nach Heidelberg ab, sodass diese Unterbaureihe nur noch in Heidelberg zu Hause war.

Einen Autoreisezug mit drei Schlafwagen hat die 110 399 am Haken, als sie im Juni 1983 durch den Bahnhof Geislingen/Steige in Richtung Süden fährt. | *Foto: Th. Estler*

Die 110 196 hat den kurzen Tunnel bei Ersingen verlassen und zieht den E 3010 in einem großen Bogen um den Ort weiter nach Karlsruhe. | *Foto: M. Dostal*

Soeben hat diese blaue 110 den Bahnhof von Bruchsal verlassen und fährt nun am dortigen Schlachthof vorbei in Richtung Stuttgart. | *Foto: Th. Estler*

Die kürzlich aufgearbeitete 112 497 hat am 21. Juli 1983 mit dem D 882 Bebra erreicht. Die Lok hat nun kurze Lüftergitter der Bauart Klatte und Seitenfenster. Außerdem wurden an den Stirnseiten die von der UIC vorgeschriebenen Griffe und Tritte montiert. | *Foto: M. Dostal*

Nach anhaltenden Regenfällen am 26. Mai 1983 kam es in Groß-königsdorf zu einem Hangrutsch, der die Strecke von Aachen nach Köln unter einer Schlamm- und Geröllawine begrub. Um 21.16 Uhr fuhr der D 225 »Ostende-Wien-Express« mit einer Geschwindigkeit von 130 km/h in dieses Hindernis und entgleiste. Sechs Menschen starben bei dem Unfall, darunter der Lokführer der 110 477, 16 Reisende wurden verletzt. | *Foto: W. Bügel (Eisenbahnstiftung)*

Vor dem aus Reisezugwagen der DR der DDR gebildeten D 1452 (Karl-Marx-Stadt–Düsseldorf) ist die 110 200 am 20. August 1983 in Altenbeken eingefahren. | *Foto: W. Bügel (Eisenbahnstiftung)*

Ab dem 1. Januar 1968 wurde das Bezeichnungssystem der Bundesbahnloks für eine elektronische Datenverarbeitung ertüchtigt. Damals war die EDV noch nicht in der Lage, Buchstaben zu verarbeiten. Deshalb mussten die Buchstaben in der Bezeichnung der Lokomotiven durch Ziffern ersetzt werden. So wurde das »E« der Elloks durch eine »1« ersetzt und das »V« der Dieselloks wurde zu einer »2«. Aus der Baureihe E 10 wurde die Baureihe 110. Auch mussten alle Nummern gleich viele Ziffern haben. Weil man sich auf dreistellige Ordnungsnummern einigte, wurden bei den Ordnungsnummern der E 10^{12} kurzerhand die Tausenderstellen gestrichen. Damit sich die schnellen Loks trotzdem in der EDV eindeutig von den »langsamen« unterscheiden ließen, zeichnete man die E 10^{12} in die Baureihe 112 um. Erste Lok mit der neuen Nummer war 110 483 mit dem Abnahmedatum 25. Januar 1968.

In diesem Jahr, in dem die Bundesbahn ihren 8.000sten elektrifizierten Streckenkilometer auf der Strecke zwischen Bremen und Hamburg bei Buchholz feierte, kamen mit 110 483, 484, 110 505 und 506 nur vier Loks der Baureihe 110 zur Deutsche Bundesbahn. Zusätzlich wurden mit 112 485 bis 112 504 noch 20 schnelle Maschinen abgeliefert und im Bw Frankfurt (Main) beheimatet. Im Gegensatz zu den ersten

Am 4. September 1983 passiert die 110 429 des Bw Köln-Deutzerfeld mit D 725 (Dortmund–Passau) die Reste des Hüttenwerks »Schalker Verein« in Gelsenkirchen. | *Foto: W. Bügel (Eisenbahnstiftung)*

Am 7. Juni 1983 legt die blaue 110 276 einen Halt in Friedland bei Hannover ein. Die Lok hat schon neue Klatte-Lüfter aber noch ein geteiltes Seitenfenster. | *Foto: D. Höltge*

Im Juli 1984 ist die 110 389 vom Bw Frankfurt/Main 1 mit einem Sonderzug des Reisebüros Mittelthurgau bei Göttingen unterwegs. Der Zug besteht aus allen fünf Aussichtswagen, die die Deutsche Bundesbahn für den »Rheingold« und »Rheinpfeil« Anfang der 1960er-Jahre beschafft hatte. | *Foto: G. Hauthal (Eisenbahnstiftung)*

Auf ihrem Weg nach Ulm passiert die 110 392 die markante Kirche in Lonsee auf der Schwäbischen Alb. Sie wurde mit langen Klatte-Lüftern ausgestattet um den Eindruck des Lüfterbands zu erhalten. | *Foto: Th. Estler*

beiden Lieferserien der E 10^{12} wurden diese Loks der Baureihe 112 aber nicht mit den Schnellfahrdrehgestellen von Henschel geliefert, sondern mit modifizierten Regeldrehgestellen. Die Loks waren für die Bespannung schneller TEE- und D-Züge vorgesehen, bis diese Züge von den Serienloks der Baureihe 103 übernommen werden konnten. Mit 103 109 wurde die erste davon wurde im Juli 1970 in Betrieb genommen.

Um die im Norden der Bundesrepublik neu elektrifizierten Strecken mit Elloks bedienen zu können, zog die Bundesbahn zahlreiche 110 aus süddeutschen Betriebswerken ab und beheimatete sie im Norddeutschland. Auf diese Weise halbierte diese Aktion beispielsweise den Bestand in Frankfurt.

1969 kamen mit 110 507 bis 110 510 die letzten Vertreter der Baureihe 110 zur Deutschen Bundesbahn. Zwar bestand noch Bedarf an weiteren Streckenloks in der Leistungsklasse der Baureihe 110, aber die Konstruktion der E 10 war zu diesem Zeitpunkt bereits 15 Jahre alt und trotz stetiger Anpassungen nicht mehr auf dem Stand der Entwicklung. Die Bahn entschloss sich deshalb, die Beschaffung der Baureihe 110 zu beenden und den Ellok-Bestand um eine neue Baureihe zu ergänzen. Allerdings kam die erste Lok der Baureihe 111 erst 1975 in den Bestand.

Zu dieser Zeit erlebten die Baureihen 110 und 112 ihre Blütezeit. Die durchschnittliche Laufleistung konnte von 860 Kilometer pro Tag auf 890 Kilometer pro Tag gesteigert werden. Die Loks bespannten die meisten Schnellzüge auf elektrifizierten Strecken. Nicht selten erreichten sie tägliche Laufleistungen von über 1.200 km. Die Spitzenleistung lag bei mehr als 1.450 km, die an einem Plantag von Frankfurter Loks der Baureihe 112 gefahren wurden.

Ab 1970 nahmen die Schäden an den Vorserien-Loks stark zu. Die Bundesbahn entschied, sich nun von den Loks zu trennen. 1970 wurde deshalb nur noch ein dreitägiger Umlauf erstellt, der unter anderem die D-Züge D 303 (Probstzella–Nürnberg) und D 867 (Nürnberg–Lichtenfels) enthielt.

Im Herbst 1972 stand die nächste Hauptuntersuchung

Die Beförderung des aus jugoslawischen Wagen gebildeten D 294 »Jugoslavia Express« war am 18. September 1985 die Aufgabe der 110 398. Hier ist sie in einer langen Kurve bei Ölbronn in Richtung Bruchsal unterwegs. | *Foto: M. Dostal*

Im Bw Köln Bbf sonnen sich am 10. März 1985 die 112 269 vom Bw Hamburg 1, die 110 116 vom Bw Frankfurt/Main 1 und die 112 487, ebenfalls aus Hamburg. Alle drei Maschinen haben Aufkleber zum 150. Jubiläum der Eisenbahn in Deutschland bekommen. | *Foto: J. Bügel (Eisenbahnstiftung)*

Im Juni 1986 fährt die 110 195 aus Esslingen am Neckar in Richtung Ulm aus. Dabei passiert sie den Pliensauturm, der zu zwei Brücken gehört, die seit dem 13. Jahrhundert den Neckar überspannen. | *Foto: Th. Estler*

Wegen eines Defekts an einem Triebkopf des »Alpen-See-Express« musste die 112 312 am 6. Juni 1986 bei Mündling in Schwaben Vorspann leisten. | *Foto: Slg. M. Dostal*

bei 110 004 an. Die Lok ging dazu ins AW München-Freimann, wurde aber nicht mehr untersucht, sondern im November 1972 zunächst z-gestellt. Ende 1973 entschloss die Bahn sich aber doch zu einer Aufarbeitung, bei der sie der Maschine sogar neue Fahrmotoren spendierte.

Weil immer weniger betriebsfähige 110^0 zur Verfügung standen, stellte die Bundesbahn im Oktober 1972 einen nur noch vier Tage umfassenden Umlauf auf, der die Loks nach Bamberg, Coburg, Lichtenfels, Passau und Würzburg brachte.
Als erste Vorserienlok quittierte 110 001 nach einem Schaden an einem Fahrmotor im April 1975 den aktiven Dienst, nachdem sie in den zurückliegenden fünf Jahren im Durchschnitt nur etwa 120 Tage pro Jahr eingesetzt worden war.

In Oberwesel steht der Ochsenturm, ein Teil der Stadtbefestigung. Direkt daneben führt die Bahnlinie vorbei auf der 110 304 am 27. August 1987 mit dem N 3545 das markante Bauwerk passiert. | *Foto: M. Dostal*

In Heigenbrücken hat die 110 457 den Anstieg in den Spessart bereits geschafft und fährt nun weiter in Richtung Gemünden. Am 3. September 1987 hat sie den »Alpen-See-Express« am Haken. | *Foto: M. Dostal*

Die ersten InterRegio-Züge zwischen Kassel und Konstanz wurden noch mit Loks der Baureihe 110 bespannt, bevor sie von Baureihe 111 übernommen wurden. Am 16. Juni 1989 fährt die 110 112 mit IR 1773 durch Karlsruhe- Durlach. | *Foto: M. Dostal*

In einer weiten Kurve führt die Bahnlinie Freiburg–Basel um Schallstadt herum. Am 31. August 1987 zieht eine ozeanblaue/beigefarbene Kasten-E 10 den D 2703 in Richtung Süden. | *Foto: M. Dostal*

Die 110 181 zählte zu den ersten Maschinen, die einen orientroten Anstrich bekamen. Am 10. Juni 1989 fährt sie mit kurz zuvor umgebauten RegionalBahn-Wagen als RSB 3456 in Stuttgart Hbf ein. | *Foto: M. Dostal*

1989 wurde die 110 385 vom BZA in Minden zu Versuchs- und Messfahrten genutzt. Sie bekam die Nummer 751 001 und blieb bis Ende Oktober 1997 beim BZA. Danach wurde sie an DB Regio abgegeben und wieder in 110 385 zurückgezeichnet. | *Foto: Slg. J. Stender*

Der alte Gepäckwagen und die neuen RegionalBahn-Wagen bilden einen starken Gegensatz hinter der 110 195, die am 15. Juli 1990 Karlsruhe-Durlach verlässt. | *Foto: M: Dostal.*

Die 110 214 gehörte zu den zuletzt gebauten Maschinen mit großen Einfachlampen. Die alte Haltestange wurde bereits gegen neue UIC-Griffe ausgetauscht. Am 21. Juli 1990 ist die Maschine mit dem E 3009 bei Stuttgart-Zuffenhausen in Richtung Stuttgart Hbf unterwegs. | *Foto: M. Dostal*

Als letzte Lok wurde dann 110 005 im September 1978 aus dem Dienst zurückgezogen. Ab Sommer 1977 war für sie kein eigener Umlauf mehr aufgestellt worden. Stattdessen wurde sie mit in den Plänen der Nürnberger Loks der Baureihe 118 eingesetzt. Sie war dabei recht zuverlässig zwischen Nürnberg, Coburg, Lichtenfels und Neustadt (Coburg) unterwegs. Ihre Ausmusterung erfolgte dann am 30. August 1979. Damit war das Kapitel der aktiven Vorserien-E 10 bei der Deutsche Bundesbahn beendet.

Zum Glück wurden nicht alle Vertreter der Vorserie verschrottet. Zwar fiel die markante E 10 001 dem Schneidbrenner zum Opfer, E 10 002 wurde aber zum 100-jährigen Jubiläum des elektrischen Zugbetriebs 1979 äußerlich aufgearbeitet und auf der Ausstellung im AW München-Freimann in frischem Glanz gezeigt. Heute gehört sie zum Bestand des DB Museums und ist in Koblenz-Lützel hinterstellt. E 10 005 gehört ebenfalls dem DB Museum. Sie steht heute ebenfalls in Koblenz.

Am 9. Januar 1970 verunglückte E 10 433 an einem Bahnübergang zwischen Offenburg und Freiburg (Breisgau) bei Schutterwald. Bei diesem Unfall mit einem Tanklastzug brannte sie aus und wurde dabei so schwer beschädigt, dass sie als erste 110 ausgemustert werden musste. Als zweite Serien-110 schied 110 477 nach einem Unfall am 26. Mai 1983 bei Großkönigsdorf aus dem aktiven Bestand aus.

Die internationalen Schnellzüge zwischen Stuttgart und der Schweiz/Italien wurden auf der Gäubahn mit der Baureihe 110 bespannt. So bringt die 110 233 am 14. Januar 1990 den D 383 nach Mailand bei Gärtringen in Richtung Süden. | *Foto: M. Dostal*

Auch die Schwarzwaldbahn zwischen Offenburg und Singen gehörte zu den Einsatzstrecken der Baureihe 110. So ist die 110 135 am 22. Mai 1988 mit einem Eilzug bei Hornberg unterwegs. | *Foto: Slg. M. Dostal*

Weil sich eine Aufarbeitung nicht mehr lohnte, wurde sie am 31. März 1985 ausgemustert. Dieser Verlust machte sich aber so stark bemerkbar, dass die Deutsche Bundesbahn entschied, die 139 134, eine E 40 mit elektrischer Widerstandsbremse in eine Schnellzuglok umzubauen und als 110 511 einzureihen. Der Sonderling mit dem kastenförmigen Aufbau der 110[1] hatte nun die höchste Ordnungsnummer der Baureihe 110. In den nächsten Jahren blieb der Bestand an Maschinen der Baureihe 110 und 112 konstant, verunfallte Loks wurden wieder aufgebaut. Darunter auch 110 107 und 110 271, bei denen nach dem Unfall der kastenförmige Aufbau durch einen Aufbau mit »Bügelfalte« ersetzt wurde.

4.4 Konkurrenz durch neue Baureihen

Mit dem zunehmend größer werdenden elektrischen Streckennetz vergrößerte sich zwar auch das Einsatzgebiet der 110, aber mit der Inbetriebnahme der Loks der Baureihe 103 mussten die 110 mehr und mehr hochwertige Leistungen an die 200 km/h schnellen Sechsachser abgeben. Besonders davon betroffen waren die Einsätze der 160 km/h schnellen Baureihe 112 vor TEE- und F-Zügen. Die Baureihe 103 wurde zunächst in Frankfurt (Main) beheimatet und in den Umlaufplänen der Baureihe 112 eingesetzt. Im Mai 1972 wurde alle Frankfurter Loks der Baureihe 112 nach Dortmund umbeheimatet. Die 145 Serienloks der Baureihe 103, die bis 1974 geliefert wurden, verdrängten die Vierachser immer weiter aus dem

Sankt Jodok liegt zwischen Brenner und Innsbruck. Auf diesem Streckenabschnitt wird links gefahren. Am 11. Mai 1990 rollt die 110 233 mit einem Zug der »Rollenden Landstraße« die Rampe hinunter nach Innsbruck. Am Schluss des Zugs bremst eine österreichische 1044. | *Foto: D. Höltge*

Der FD 1913 »Allgäu« besteht am 14. März 1991 aus zwölf Wagen, die die 110 258 doch etwas fordern. Die Aufnahme entstand bei Bietigheim-Bissingen. | *Foto: M. Dostal*

Zur Unterscheidung von der von der Deutschen Reichsbahn übernommenen Baureihe 212/112 wurden die Loks der Bundesbahn Anfang der 1990er-Jahre in die Baureihe 114 umgezeichnet. Am 18. Juli 1991 wartet die 114 496 in Osnabrück Hbf auf Ausfahrt. | *Foto: M. Dostal*

Die markante Konstruktion des Dachs in Köln Hbf überspannt die 110 161, die am 12. Juli 1992 in die Halle des Bahnhofs eingefahren ist. | *Foto: V. Emersleben*

Am 30. Dezember 1992 überquert die orientrote 114 498 mit dem E 3709 bei Ehningen die Stahlbrücke über die Würm. | *Foto: M. Dostal*

Doppelausfahrt am 17. Juli 1994 aus Karlsruhe-Durlach: Die 110 228 beschleunigt den E 3003 nach Stuttgart, der Triebwagen 813 der AVG fährt auf der S 3 über Bretten nach Bruchsal. | *Foto: M. Dostal*

hochwertigen Schnellzugdienst. Die dadurch frei gewordenen Maschinen der Baureihen 110 und 112 konnten für andere Dienste abgezogen werden und ersetzten ihrerseits zunehmend die Altbau-Schnellzugloks der Baureihen 116 bis 119.

1975 elektrifizierte die Bundesbahn ihren 10.000sten Streckenkilometer. Eine entsprechende Gedenktafel wurde am 28. August 1975 feierlich im Bahnhof Villingen an der Schwarzwaldbahn von Offenburg nach Villingen enthüllt. Allerdings war für diese Strecke die Baureihe 110 nicht gut geeignet, weil die starken Gefälle die thermische Bremse der Loks über Gebühr belasteten. Deshalb bespannten hier die Loks der Baureihe 139 die meisten Züge.
Zu dieser Zeit gab Offenburg die meisten seiner Loks nach Frankfurt (Main) und Stuttgart ab.

Auch die Strecke zwischen Neckarelz und Würzburg bekam Fahrdraht, sodass nun von Stuttgart nach Würzburg elektrisch gefahren werden konnte. Im gleichen Jahr begann der Einsatz der Baureihe 111. Die Loks kamen zum Betriebswerk München Hbf und lösten dort die Baureihe 110 ab. Schon 1978 war keine 110 mehr in München zu Hause.

Einen starken Einbruch bei den hochwertigen Leistungen erlebten die Baureihen 110 und 112 im Jahr 1979, denn mit der Einführung des zweiklassigen und vertakteten InterCity-Systems IC ´79 wurden zahlreiche D-Züge zu InterCity-Zügen aufgewertet und von Loks der Baureihe 103 übernommen. Die 110 und die 112 wanderten zunehmend auf untergeordnete Hauptstrecken ab. Dort schritt die Elektrifizierung weiter voran. So wurde 1973 der elektrische Betrieb auf der Moselstrecke zwischen Koblenz und dem Saarland aufgenommen. Kurz darauf wurde auf der Strecke zwischen Neckarelz und Osterbrucken und weiter nach Würzburg die Oberleitung in Betrieb genommen. Auch auf der Schwarzwaldbahn führte die Bundesbahn den elektrischen Betrieb ein und von Stuttgart aus erreichte der Fahrdraht Konstanz.

Auch Talgo-Nachtzüge wurden mit der Baureihe 110 bespannt. Am 30. Mai 1994 hat die 110 425 bei Bonn-Mehlem einen solchen Zug am Haken.
| *Foto: Dr. B. Domagalski*

Am 25. Juni 1994 fährt die 110 465 durch Jenbach in Richtung Innsbruck. Hinter der Lok laufen zwei belgische Reisezugwagen. Links ist der Betriebshof der Achenseebahn zu erkennen.
| *Foto: M. Höltge*

Auf all diesen Strecken wurde die Baureihe 110 eingesetzt.

Die Bespannung der IC-Züge mit Loks der Baureihe 103 führte aber zu Engpässen beim Lokbestand. Fast alle 103 waren voll ausgelastet, sodass bei Ausfällen keine Reserveloks zur Verfügung standen. Deshalb zog die Bundesbahn im Herbst 1979 alle Loks der Baureihe 112 in Hamburg-Eidelstedt zusammen, wo etwa 70 Exemplare der Baureihe 103 beheimatet waren. Im Gegenzug bekam Dortmund 31 Loks der Baureihe 110. So konnten beim Ausfall einer Hamburger 103 die IC-Züge mit einer 112 bespannt werden. Außerdem waren die Loks der Baureihe 112 planmäßig auf der kurzen IC-Linie 4a von Hannover nach Bremerhaven und Oldenburg im Einsatz. Wurden sie nicht als Ersatzloks benötigt, beförderten sie Schnell- und Eilzüge in Niedersachsen. Sie erreichten mit D-Zügen unter anderem Augsburg, Stuttgart und Aachen. Auch der IC 137 gehörte zwischen Aachen und Köln zu den Aufgaben der Baureihe 112. In den 1970er-Jahren begann die Bundesbahn, die Loks der Baureihe 110 in wenigen

Farbvergleich der ozeanblau/beigefarbenen 110 170 und der rot/beigefarbenen 110 496 am 23. Mai 1995 in Stuttgart Hbf. Die rechte Lok wirkt doch freundlicher als die linke. | *Foto: M. Dostal*

Betriebswerken zusammenzuziehen. Dies vereinfachte die Ersatzteilhaltung. Ende 1979 waren die Serienloks dann nur noch in den Betriebswerken Hamburg-Eidelstedt, Dortmund, Frankfurt (Main), Köln-Deutzerfeld und Stuttgart beheimatet. Die laufenden Nummern, also die Bauserien mit ihren Unterschieden, waren allerdings bunt gemischt. Mitte der 1980er-Jahre wurden deshalb die Nummern und Bauserien in einem Ringtausch sortiert. Die niedrigen Nummern waren nun überwiegend in den Betriebswerken Köln, Frankfurt und Stuttgart zu finden, die 110 ab der Ordnungsnummer 300 waren fast alle in Dortmund oder Hamburg zu Hause.

Zur selben Zeit baute die Bundesbahn bei den »Bügelfalten«-Maschinen nach und nach die Frontschürzen und die Pufferverkleidungen ab. Außerdem bekamen die Maschinen neue Lüfter der Bauart »Klatte«, die das optische Lüfterband der »Bügelfalten«-Loks in in Einzellüfter verwandelte. Um Tageslicht in den Maschinenraum zu bringen, wurden von nun an auch Seitenfenster eingebaut.

Die fortschreitende Auslieferung der Baureihe 111 verdrängte die Baureihe 110 weiter aus den hochwertigen Diensten. Ende 1984 standen der Bahn insgesamt 227 Maschinen der Baureihe 111 zur Verfügung.

Inzwischen machten sich das Alter und der anstrengende Dienst der Baureihe 110 bemerkbar. Darauf musste die Deutsche Bundesbahn mit entsprechenden Maßnahmen reagieren.

Die orientrote 110 178 zieht am 5. März 1995 den D 381 nach Mailand auf der Stuttgarter Panoramabahn vom Hauptbahnhof aus dem Tal in Richtung Böblingen. | *Foto: M. Dostal*

Am 22. Oktober 1995 kam die 110 179 zu Sonderzugehren. Zusammen mit der 460 017 der SBB brachte sie einen Sonderzug von Stuttgart zum Modellbahnhersteller Märklin nach Göppingen. Die Aufnahme entstand in Esslingen-Zell. | *Foto: M. Dostal*

Die orientrote 110 216 verlässt am 6. Juni 1996 bei Stuttgart-Nord mit dem RE 3625 die südwestdeutsche Landeshauptstadt. Sie ist die erste Maschine die serienmäßig mit Doppellampen geliefert wurde. | *Foto: M. Dostal*

Böckstein ist ein Ortsteil der Gemeinde Bad Gastein im Gasteiner Tal. Hier wartete der Fotograf am 8. Juli 1995 auf die 110 455, die eben einen mit einer österreichischen 1042 bespannten Güterzug überholt. | *Foto: D. Höltge*

Als erste traf es 112 485 bis 112 504 mit den modifizierten Regeldrehgestellen. Die Höchstgeschwindigkeit von 160 km/h zehrte enorm an diesen Drehgestellen. Der Verschleiß war nun so groß, dass die Höchstgeschwindigkeit im Juni 1986 auf 140 km/h abgesenkt werden musste. Ab Januar 1988 wurden diese Loks zur Unterscheidung als Baureihe 114 eingereiht. Die Ordnungsnummern blieben unverändert. Die übrigen Loks der Baureihe 112 standen weiterhin 160 km/h schnell im Einsatz.

Zum 150-jährigen Jubiläum der Eisenbahn in Deutschland veranstaltete die Deutsche Bundesbahn in Nürnberg eine große Fahrzeugparade, auf der auch Loks der Baureihen 110 und 112 nicht fehlen durfte. Die Wahl fiel auf 110 348, die dem Anlieferungszustand mit Lüfterband, silberfarbigem Dach und Frontschürzen angenähert wurde. Sie bespannte einen Schnellzug, der aus einem blauen Schlafwagen und beige/ozeanblauen Sitzwagen bestand. Vertreterin der schnellen Ausführung war

Vor den großen Hallen des Frankfurter Hauptbahnhofs wartet die 110 135 am 6. August 1998 auf Ausfahrt. Sie gehört zu den Maschinen, die nachträglich mit Doppellampen ausgestattet wurden. | *Foto: M. Dostal*

Im Frühjahr 1996 tourte die bunt beklebte 110 487 mit dem »Maus«-Zug durch Deutschland. Am 15. Februar 1996 hat sie Treuchtlingen erreicht. | *Foto: V. Emerleben*

Die 110 497 steht mit belgischen Reisezugwagen abfahrbereit in Köln-Deutz. Die kurzen Klatte-Lüfter nehmen der Lok etwas von ihrer Eleganz. | *Foto: Dr. B. Domagalski*

Auch vor neuen Doppelstockwagen waren Loks der Baureihe 110 anzutreffen. Am 7. September 1997 zieht die orientrote 110 199 einen Doppelstock-Zug aus München Hbf. | *Foto: M. Dostal*

Wegen eines ausgefallenen Steuerwagens waren in diesen RegionalExpress die 110 170 und ein einstöckiger RegionalBahn-Wagen eingereiht. Am Zugschluss läuft die 111 163. Die Aufnahme entstand am 2. Juli 2000 in Amstetten (Württ.). | *Foto: M. Dostal*

Aufarbeitung von Loks der Baureihe 110 im Werk Dessau. Bei der frisch verkehrsrot lackierten 110 444 werden gerade die Lüftergitter eingebaut. Außer der Baureihe 110 sind auch Maschinen der Baureihen 143 und 111 zu erkennen. | *Foto: V. Emersleben*

Um die Loks im Regionalverkehr sinnvoll einsetzen zu können, bekamen viele von ihnen eine Wendezugsteuerung. So schiebt die 110 445 am 26. September 2000 ihren RE bei Stuttgart-Bad Cannstatt hinauf nach Waiblingen. | *Foto: M. Dostal*

Nochmals ein Blick ins Werk Dessau. Im Hof warten am 29. Februar 2000 die 113 270, die 143 962 und eine weitere Lok der Baureihe 143 auf ihre »Entlassung«. | *Foto: V. Emersleben*

112 501. Sie gab das 1985 aktuelle Aussehen mit beigefarbenem Dach, kurzen Klatte-Lüftern und Maschinenraumfenster wieder. Pufferverkleidungen und Frontschürzen waren abgebaut, die Anschriften bestanden komplett aus Klebefolien. Die Lok hatte Wagen des neuen TEE »Rheingold« mit orangefarbenen Absetzstreifen am Haken. Im gleichen Jahr wurden die beiden Maschinen auf der großen Fahrzeugausstellung in Bochum-Dahlhausen gezeigt.

Nach dem Ende der Jubiläumsveranstaltungen kehrten die Loks im »Jubiläumslook« in den normalen Plandienst zurück, allerdings wurde bei der 110 348 die Frontschürzen entfernt. 110 348 wurde im Juni 2003 ausgemustert und betriebsfähig vom DB Museum übernommen. 112 501 quittierte als 110 501 am 30. Oktober 2009 beim Werk Dortmund ihren Dienst, wurde aber schon am 6. Oktober 2009 bei der Firma Bender in Opladen verschrottet.

Zwischen 1987 und 1989 kamen mit den 60 Drehstromlokomotiven der Baureihe 120 neue, 200 km/h schnelle Loks zu Deutsche Bundesbahn, sodass auf weitere 110 im hochwertigen Reisezugdienst verzichtet werden konnte.

Um die Loks der Baureihe 110 eventuell auch im Nahverkehr zu nutzen und dort verschlissene Maschinen der Baureihe 141 abzulösen, erwog die Bundesbahn in der zweiten Hälfte der 1980er-Jahre den Einbau einer Wendezugsteuerung in die Baureihe 110. Dafür

Eine orientrote Bügelfalten-110 zieht am 14. August 2001 auf der Schwarzwald-Bahn ihren RegionalExpress an der markanten Stadtkulisse von Engen vorbei.
| *Foto: C.-J. Jacobson*

stationierte sie zunächst 110 162 bis 165 leihweise von Frankfurt/Main nach Saarbrücken um und nutzte sie dort bevorzugt vor Nahverkehrszügen nach Trier. Die beige/ozeanblaue 110 385 kam 1989 zum Bundesbahn- Zentralamt (BZA) in Minden, wo sie zu Versuchs- und Messfahrten eingesetzt wurde. Dafür bekam sie die Betriebsnummer 751 001. Sie blieb bis Ende Oktober 1997 in diesem Einsatzgebiet, wurde dann an DB Regio zum Werk Frankfurt (Main) abgegeben und wieder in 110 385 zurückgezeichnet. Am 30. Mai 1999 kam sie zum Werk Braunschweig, dort wurde sie am 15. November 2000 ausgemustert und verschrottet.

Einen weiteren Einschnitt in der Einsatzgeschichte der Baureihe 110 verursachte die Umstellung der InterCity-Linien zwischen Hamburg und München über Hannover, Fulda, Frankfurt (Main), Stuttgart und Augsburg auf die neuen 280-km/h-schnellen ICE-1-Triebzüge. Die dadurch frei gewordenen Loks der Baureihe 103 kamen in den InterRegio-Dienst und verdrängten dort die Loks der Baureihe 110, aber auch schon die ersten Loks der Baureihe 111.

Ende der 1980er-Jahre nahmen die Probleme mit den Loks der Baureihe 110 weiter zu. Die Maschinen wurden wegen ihres Alters immer schadanfälliger und die Reparaturen zeit- und kostenintensiver. Deshalb kam der Bundesbahn die Wiedervereinigung der beiden deutschen Staaten und später die der

Weitgehend in den Auslieferungszustand zurückversetzt ist die 110 348 am 31. Juli 2000 mit einem Sonderzug in Waren an der Müritz angekommen. Nach ihrem Fristablauf wurde die Lok im Jahr 2003 vom DB Museum übernommen.
| *Foto: Ch. Weinkopf (Eisenbahnstiftung)*

beiden deutschen Staatsbahnen sehr gelegen. Zwar erhöhte sich unmittelbar nach der Grenzöffnung der Bedarf an Loks und Wagen, weil nun zahlreiche Sonder- und zusätzliche Züge über die deutsch-deutsche Grenze fuhren. Auf der anderen Seite konnte die Deutsche Bundesbahn aber zahlreiche Loks der Baureihe 243, später 143 von der Deutschen Reichsbahn anmieten und in den Plänen der 110 einsetzen. Außerdem testete die Bundesbahn die ersten 160 km/h-schnellen Loks der Baureihe 212

Weil die 110 158 nicht mit einer zu Doppelstockwagen passenden Wendezugsteuerung ausgestattet ist, musste sie am 3. Juli 2001 vor den Steuerwagen gespannt werden. Um den Steuerwagen durch den Abrieb des Stromabnehmers nicht zu verschmutzen, ist der vordere Abnehmer angelegt. (Köln-Deutz) | *Foto: Dr. B. Domagalski*

Treffen von »alt« und »neu« in Stuttgart. Am 23. Juli 2001 steht die 146 006 für erste Probeeinsätze bereit. Aber noch behauptet sich die 110 179, denn auch sie wartet auf ihren Einsatz. | *Foto: C.-J. Jacobson*

Treffen der ozeanblau/beigefarbenen 110 466 und der verkehrsroten 110 448 am 14. Oktober 2001 in Karlsruhe Hbf. Rechts steht die orientrote 365 101 für Rangieraufgaben bereit. | *Foto: M. Dostal*

der Deutschen Reichsbahn vor ihren InterCity- und InterRegio-Zügen. Drei Maschinen wurden ab August 1991 überwiegend auf der IC-Linie 4a im Umlauf der Hamburger Baureihe 113 eingesetzt. Wegen der guten Betriebserfahrungen mit den Loks der Baureihe 212 bestellten beide Bahnverwaltungen daraufhin je 45 Maschinen, sodass der Deutschen Bahn AG ab 1994 mit den von der Reichsbahn in den Jahren 1990 und 1991 beschafften 40 Maschinen der ersten Serie insgesamt 130 Lokomotiven dieser Baureihe zur Verfügung standen.

Aus dem hochwertigen Reisezugdienst konnten damit weitere Loks der Baureihe 110 herausgenommen werden.

Die Loks beförderten aber weiterhin D-Züge, nun auch in die neuen Bundesländer, beispielsweise

Bis zu ihrer Ausmusterung durch die DB Ende Juni 2003 trug die 110 228 einen blauen Anstrich. Am 8. September 2002 macht sie sich in Würzburg mit dem RE 19163 bereit für die Rückfahrt in ihre Heimatstadt Stuttgart. | *Foto: M. Dostal*

Die Stadtkirche von Herrenberg ist ein beliebtes Motiv von Eisenbahnfotografen. Am Abend des 20. April 2003 passiert der RE 19616 nach Stuttgart mit einer Lok der Baureihe 110 das markante Bauwerk. | *Foto: M. Dostal*

Auch Einsätze vor Nachtzügen gehörten zu den Aufgaben der Baureihe 110. So erreicht die 110 237 am 1. März 2001 mit den NZ 1907 aus Hamburg-Altona Stuttgart Hbf. | *Foto: M. Dostal*

nach Rostock oder Leipzig. Im gemeinsamen Nummernplan von Reichsbahn und Bundesbahn war für die Reichsbahn-Elloks der Baureihe 212 die Baureihennummer 112 vorgesehen. Deshalb zeichnete die Bundesbahn 1991 die verbliebenen Loks der Baureihe 112 in die Baureihe 113 um.

Besonders erwähnt werden soll 110 335, die zu dieser Zeit zusätzliche Scheinwerfer bekam, die dem Fahrzeugführer eine bessere Sicht auf die Strecke ermöglichen sollten. Bei ihr wurden zwei Zusatzscheinwerfer neben die regulären unteren Frontlampen sowie ein Scheinwerfer unterhalb der Stirnfenster und ein beweglicher Scheinwerfer im Führerraum montiert. Während die unteren Scheinwerfer Erfolge brachen, wurden die beiden oberen schon bald wieder abgebaut.

Die 110 256 war die einzige Kasten-110 ohne Seitenfenster und mit langen Klatte-Lüftern, die eigentlich für die »Bügelfalten«-Version vorgesehen waren. Zusammen mit der 152 020 beschleunigt sie am 17. März 2004 den RE 19607 in Stuttgart Hbf.
| *Foto: M. Dostal*

In Baden-Württemberg gab es immer wieder Werbeaktionen für den »3-Löwen-Takt«. Dazu bekamen auch Loks der Baureihe 110 unterschiedliche Aufkleber auf den Seitenwänden. Die 110 306 hat am 6. August 2004 einen kleinen Aufkleber unter dem Seitenfenster der Führerraums. Sie ist mit einem Schnellzug nach Italien bei Bondorf unterwegs.
| *Foto: M. Dostal*

4.5 Gnadenbrot im Regional-Dienst

In dieser Zeit traten an den Henschel-Drehgestellen der Baureihe 113 so gravierende Mängel auf, dass deren Höchstgeschwindigkeit auf 120 km/h begrenzt werden musste. Damit konnten die Loks nicht mehr im Schnellzugdienst eingesetzt werden und wurden nach München umbeheimatet.

Weil auch an den Loks der Baureihe 114 vermehrt Probleme mit den Drehgestellen auftraten, durften auch sie ab 1992 nur noch 120 km/h schnell fahren. Damit waren sie ebenfalls im höherwertigen Reisezugdienst nicht mehr zu gebrauchen. Einige Loks mussten sogar ganz abgestellt werden. Weil die Deutsche Bundesbahn aber noch nicht auf die Loks verzichten konnte, nahm sie eine groß angelegte Umbaumaßnahme in Angriff. Die Loks der Baureihe 114 bekamen Serien-Drehgestelle von Kasten-110. Sie durften damit wieder so schnell fahren wie die Baureihe 110, in die sie auch eingenummert wurden. So waren nun die

Die E 10 121 war lange Zeit aktive Museumslok der DB. Im Mai 2010 liefen die Fristen für ihre Drehgestelle ab. Seither ist die Lok abgestellt. Am 10. September 2006 ist sie noch mit einem Sonderzug bei Troisdorf aktiv. | *Foto: Dr. B. Domagalski*

TEE-farbigen Loks als 110 485 bis 110 504 auf den Gleisen unterwegs. Die Spender-110 wurden mit Drehgestellen Loks der Baureihe 140 bestückt und wegen ihrer elektrischen Widerstandsbremse in die Baureihe 139 überführt. Dabei bekamen die Loks bei Bedarf auch einen Anstrich in den aktuellen Farben, sodass es keine blauen Loks der Baureihe 139 gab. Die Kästen der drehgestelllosen Loks der Baureihe 140 wurden ausgemustert und verschrottet, weil für den Umbau bevorzug Maschinen ausgewählt wurden, deren Kästen bereits stärkere Korrosionsschäden aufwiesen.

Die 110 442 hat am 7. Juli 2006 ihren Regional-Express-Wendezug in den Kopfbahnhof von Kassel geschoben. Seit der Eröffnung des Bahnhofs Kassel-Wilhelmshöhe hat der Hauptbahnhof seinen Fernverkehr und damit stark an Bedeutung verloren. | *Foto: V. Emersleben*

Mit einem Sonderzug des Reiseveranstalters »Euro-Express Sonderzüge GmbH & Co. KG« ist die 110 359 am 13. Oktober 2005 bei Stuttgart-Untertürkheim in Richtung Süden unterwegs. | *Foto: M. Dostal*

Bei den Loks der Baureihe 113 beschritt man einen anderen Weg. Ihre Henschel-Drehgestelle wurden zwischen 1993 und 1997 grundlegend aufgearbeitet und die Loks wieder für 160 km/h zugelassen. Wegen der Sonderdrehgestelle standen sie aber bald auf der Ausmusterungsliste der Deutschen Bahn AG und wurden bevorzugt abgestellt und die meisten von ihnen haben sich bis 2004 von den Gleisen verabschiedet. Mit dem Ausscheiden aus dem schnellen Reisezugverkehr übernahmen die 110 mehr und mehr Nacht- und Autoreisezüge. Auch im Sonder- und Turnusverkehr wurden sie nun verstärkt eingesetzt.

Außergewöhnliche Begegnung der 115 323 am 23. Mai 2006 in Wittenberg mit der ehemals dänischen Diesellok My 1143, die an diesem Tag im Bauzugdienst tätig ist. Die Diesellok gehört der Gleisbaufirma Eichholz. | *Foto: V. Emerleben*

1994 übernahm die Deutsche Bahn AG die letzten Maschinen der neuen Baureihe 112^{1} (DR-Reihe 212). Die 90 Exemplare dieser Baureihe machten der E 10 nunmehr Konkurrenz. Gleichzeitig kamen die 110 nun planmäßig bis nach Berlin.

Ab Ende 1994 gelangten die ersten Maschinen der neuen Fahrzeuggeneration zur Deutschen Bahn. Zunächst war geplant, 145 Maschinen der Baureihe 101 zu beschaffen, die die Baureihe 103 ablösen sollte. 195 Maschinen der Baureihe 152 waren für den Güterzugdienst vorgesehen und die 80 Loks der Baureihe 145 sollten die Dienste der Baureihe 110 übernehmen. Die 110 sollte bis 1997 vollständig unterhalten und dann nach und nach ausgemustert werden.

Ein echtes Highlight in dieser Zeit war die Bespannung der InterCity-Night-Line-Züge ICN 1945/1944 von Bonn nach Berlin und wieder zurück. Sie wurden aus Talgo-Gliederzügen gebildet. Aber auch IC- und IR-Züge wurden noch bespannt. So im Dreieck zwischen Stuttgart, Nürnberg, Frankfurt/Main und Bebra. Weitere Leistungen in den neuen Bundesländern waren der D 358 von Berlin nach Basel und der D 359 wieder zurück. Auch das Autozugpaar AE 1558 brachte die Maschinen nach Berlin.
Im Jahr 1995 teilte eine weitere Reform der Bahn den Betrieb in mehrere Geschäftsbereiche auf. Der dabei entstandene Geschäftsbereich Personenverkehr (später DB Regio) übernahm die Lokomotiven der Baureihe 110.

Im April 1995 beendete das Ausbesserungswerk München- Freimann die Unterhaltung der E 10, die es seit der Anlieferung der Lok übernommen hatte. Für die weitere Aufarbeitung waren nun die Werke Opladen, Dessau und Erfurt zuständig.

Der elektrische Betrieb auf den Strecken von Hamburg nach Kiel und nach Padborg in Dänemark wurde aufgenommen. Das erweiterte das Einsatzgebiet der Baureihe 110 in Richtung Norden. Die elektrischen Lückenschlüsse zwischen Probstzella und Camburg sowie zwischen Bebra und Neudietendorf erweiterten den Einsatzradius der Maschinen

Bei Guntershausen, einem Stadtteil von Baunatal führt eine Eisenbahnbrücke über die Fulda. An deren Ufern weiden am 21. April 2004 Schafe, während eine Lok der Baureihe 110 ihren RegionalExpress über die Brücke zieht.
| *Foto: V. Emersleben*

Mit dem Leerreisezug Lr 75800 ist die 110 191 am Abend des 18. Mai 2007 zwischen Großkarolinenfeld und Hilperting bei Rann unterwegs. | *Foto: Dr. Ch. Schröfl*

Auch Garmisch-Partenkirchen war Zielbahnhof der Baureihe 110, den sie mit Zügen des Regionalverkehrs erreichte. Am 21. Juli 2009 steht 110 292 dort für neue Aufgaben bereit. | *Foto: Dr. B. Domagalski*

Die Ameropa-Werbelok 110 325 wurde nach ihrem Werbeeinsatz mit der Beklebung noch vor Reisezügen eingesetzt. Am 6. Oktober 2007 zieht sie einen Sonderzug von EuroExpress bei Aßling in Oberbayern. | *Foto: Dr. Ch. Schröfl*

Am Ende ihrer Karriere wurde die 110 424 noch zum Kunstwerk. Am 1. August 2007 wartet die Lok in Stuttgart-Nord auf ihre Verschrottung. | *Foto: M. Treutler*

Durch einen Getriebe- bzw. Drehgestelltausch wurden einige Loks der Baureihe 110 in die Baureihe 139 umgebaut. So ist die ehemalige 110 283 am 22. August 2007 als 139 283 auf der Güterumgehungsbahn bei Stuttgart Bad-Cannstatt unterwegs. | *Foto: M. Dostal*

An der Blockstelle Hilperting ist die 110 236 am Morgen des 20. April 2008 mit einem Sonderzug nach Salzburg unterwegs.
| *Foto: Dr. Ch. Schröfl*

Blick von der Donnerbergerbrücke auf den Hauptbahnhof München. Die 110 272 hat soeben mit dem RB 30510 die Halle mit den Kopfgleisen verlassen. | *Foto: Dr. Ch. Schröfl*

in Richtung Osten. Um die Loks auch in den neuen Bundesländern im hochwertigen Verkehr einsetzen zu können, war zu diesem Zeitpunkt geplant, einige 110 mit dem Zugbahnfunksystem der ehemaligen Deutschen Reichsbahn auszurüsten.

Im Westen Deutschlands gab es größere Veränderungen, denn die Lokomotiven der Baureihe 143 verdrängten im S-Bahn-Dienst im Rhein-Ruhr-Gebiet die Maschinen der Baureihe 111, die wiederum Aufgaben der 110 übernahm. So gingen 110 von Dortmund nach Hamburg, Frankfurt (Main) und Köln. In Hamburg wurden die Loks aber eigentlich nicht benötigt und wurde dort meist vor Güterzügen und im Reservedienst genutzt.

Fahrzeugparade am 25. Juli 2009 in Stuttgart. Ganz links steht die 139 312 von Lokomotion. Danach folgen die 110 484, die 111 082, die 110 418 und ganz rechts die blaue 110 228 des DB-Museums. | *Foto: M. Dostal*

Im internen Dienst stand die 115 302 am 13. Juli 2009 im Einsatz. Sie zog einen nur aus einem Reisezugwagen bestehenden Personenzug für besondere Zwecke (PzB) von Stuttgart nach München. | *Foto: M. Dostal*

4.6 Die »Neuen« verdrängen die Einheitselloks

1996 war der Generationswechsel bei den Elloks der Deutschen Bahn bereits fortgeschritten. Die meisten Maschinen der Baureihen 101, 145 und 152 waren in Betrieb. Sie waren die Vorboten einer großen Flotte, zu der später noch die Baureihen 146, 182, 185 und 189 hinzukamen. Dies hatte die verstärkte Ausmusterung der Einheits-Elloks zur Folge. So war 2003 die Baureihe 150 komplett von den Gleisen der Deutschen Bahn AG verschwunden, 2007 folgte die Baureihe 141, und auch die Reihen der Baureihen 110 und 140 lichteten sich zusehends.

In diesem Jahr war mit der 110 487 die erste »Werbelok« dieser Baureihe unterwegs. Die Maschine war zusammen mit drei Reisezugwagen – alle komplett mit Folien beklebt – zum 25-jährigen Jubiläum der »Sendung mit der Maus« im Einsatz. Die Reise begann am 23. Februar 1996 in Köln, führte quer durch Deutschland und endete am 10. März wieder in Köln. Die Lok war noch bis 6. April mit den Folien unterwegs, die anschließend entfernt wurden.

Im Frühjahr 1996 übernahmen die 110 die Bespannung der IR-Züge nach Flensburg, die mit Loks der Baureihe 103 nach Neumünster gebracht wurden und dort an die 110 übergingen. Auch mehrere Militärschnellzüge wurden bis Flensburg bespannt.

Stuttgarter Loks erweiterten ihr Einsatzgebiet in Richtung Bayern, denn die Loks der Baureihe 111 aus München wurden durch die Elektrifizierungen im Norden Deutschlands dort gebaucht. Sie kamen mit InterRegios und InterCities bis nach Coburg und Passau.

Am 28. Juli 2009 warten die 139 260 von Lokomotion und drei Maschinen der Baureihe 189 sowie ein »Taurus« (Baureihe 182) aus dem Siemens Lokpool/MRCE in Kufstein auf neue Aufgaben. | *Foto: Dr. B. Domagalski*

Umbaulok

Bei der 110 511 handelt es sich um die umgebaute 139 134. Die 110 511 entstand als Ersatz für die im Mai 1983 verunglückte 110 477. | *Foto: Dr. B. Domagalski*

Einen interessanten Lebenslauf hat 110 511, die aus der 139 134 umgebaut wurde. Die Güterzuglok mit elektrischer Widerstandsbremse wurde im August 1959 als E 40 1134 von Krauss-Maffei und Siemens-Schuckert an die Bundesbahn geliefert. Sie wurde in Offenburg beheimatet und war bevorzugt auf den Steilstrecken im Schwarzwald unterwegs. 1968 zeichnete die DB sie zur Unterscheidung von den E 40 ohne Widerstandsbremse in 139 134 um. 1985 wurde sie in 110 511 umgebaut, um den Verlust der 110 433 auszugleichen. Nach dem Umbau kam die Lok ins Betriebswerk Dortmund und blieb dort bis zum Mai 2000, danach beheimatete man sie in Köln. Hier wurde die Maschine am 15. Dezember 2000 ausgemustert, aber nicht verschrottet. Sie kam zum Ellok-Werk Dessau und wurde im Herbst 2005 betriebsfähig aufgearbeitet.

Die Lok bekam einen lichtgrauen Anstrich mit roten Absetzstreifen und steht nun als Gewährleistungslok zur Verfügung. Konnte eine Ellok, die dem Werk zur Aufarbeitung überlassen wurde, nicht fristgerecht fertiggestellt werden, so bekam der Kunde 110 511 als Ersatzlok, bis die Untersuchung der eigenen Lok abgeschlossen war.

2013 trennte sich die DB von der Maschine und verkaufte sie an die Eisenbahnbau- und Betriebsgesellschaft Pressnitztalbahn mbH (PRESS) in Jöhstadt, die sie als 110 043 in ihren Bestand einreihte. Die blau/weiß lackierte Lok war zwischen Dezember 2013 und April 2018 mit einer Ganzwerbung für »National Express« unterwegs. Danach wurde sie in den klassischen DB-Farben Ozeanblau und Beige lackiert.

Die 110 236 hat am 22. September 2010 einen Sonderzug von BTE BahnTouristikExpress nach Würzburg gebracht und wartet nun in der Abstellgruppe auf die spätere Rückfahrt. Der Zug ist an das örtliche Stromnetz angeschlossen. Darauf weist die Tafel an der Kupplung der Lok hin.
| *Foto: M. Dostal*

Die 110 320 von DB Regio ist am frühlingshaften 7. April 2010 mit dem RE 30103 von München Hbf nach Kufstein unterwegs. Hier durchfährt der Zug den Bahnhof Aßling (Oberbayern) ohne Halt.
| *Foto: U. Miethe*

Die 110 325 und 110 329 dienten im Sommer 2009 als Zugloks des »Science Express«. Später waren die Loks vor Planzügen anzutreffen, bis sie mit der Beklebung ausgemustert wurden. Die 110 329 fährt am 7. April 2010 mit einem InterCity aus Zürich in Stuttgart ein. | *Foto: Th. Estler*

Am 15. September 2010 passiert die 110 402 die Formsignale und das markante Stellwerk von Friedberg in Hessen, als sie ihren Weg in Richtung Gießen fortsetzt. Die Formsignale wurden inzwischen durch Lichtsignale ersetzt. | *Foto:: Th. Estler*

Im Sommer 1996 wurden erstmals Loks der Baureihe 110 in fest Saarbrücken beheimatet. Sie lösten dort unter anderem die Baureihe 141 vor Regionalzügen auf der Moselstrecke ab, sodass die Geschwindigkeit dieser Züge von 120 km/h auf 140 km/h gesteigert werden konnte. Aber auch InterRegio-Züge auf dieser Strecke gehörten zu ihren Aufgaben. Im Jahr 2000 erreichte das Werk in Saarbrücken mit 44 Maschinen den Höchststand an Loks der Baureihe 110. Zu diesem Bestand gehörten alle Maschinen mit dem Sicherheitssystem CIR-ELKE (Computer Integrated Railroading – Erhöhung der Leistungsfähigkeit im KErnnetz), weil Saarbrücken die Züge auf der Rheintalstrecke zu bespannen hatte, auf der dieses Sicherheitssystem arbeitet. 2002 wurden die Loks mit CIR-ELKE nach Freiburg umbeheimatet.

Die übrigen gingen 2003 nach Trier, die Bahn setzte sie aber von Koblenz aus unter anderem auf der Mosel- und Rheinstrecke nach Trier und Frankfurt (Main) ein. Freiburg beheimatete damit zum ersten Mal Loks der Baureihe 110. Sie waren auf der Rheintalstrecke zwischen Basel und Mannheim sowie auf der Schwarzwaldbahn zwischen Offenburg und Konstanz unterwegs. 2006 endete die Beheimatung in Freiburg schon wieder. Neue Elloks der Baureihe 146 und neue Doppelstockwagen verdrängte die Baureihe 110 mit ihren alten einstöckigen RegionalBahn-Wagen von der Schwarzwaldbahn. Die letzten Loks in Freiburg waren 110 450, 454, 458, 460, 462, 463, 466, 468, 470, 471 und 506. Sie wurden an die Werke Braunschweig, Dortmund und Stuttgart abgegeben.

Zwischen 1997 und 2004 wurden 131 »Bügelfalten«-Loks mit einer Wendezugsteuerung ausgestattet. So konnten sie von Steuerwagen aus bedient und in Wendezügen des Regionalverkehrs eingesetzt werden. Dies war nötig geworden, weil die ursprünglich im Wendezugdienst eingesetzten Loks der Baureihe 141 immer mehr Schaden aufwiesen. Wegen ihres hohen Alters und ihrer niedrigen Höchstgeschwindigkeit von 120 km/h wurden sie aber nicht mehr repariert, sondern ausgemustert, sodass sie ersetzt werden mussten. Als erste bekam 110 446 im AW Opladen eine 36polige Wendezugsteuerung. Nach Testfahrten bis Mai 1997 ging die Lok in den Plandienst. Bis 2004 bekamen 131 Maschinen der Baureihe 110 die konventionelle Wendezugsteuerung. Der Einbau brachte zahlreiche Umbeheimatungen mit sich. So wurde ein Großteil der Wendezugmaschinen in Stuttgart beheimatet. Dafür gingen von Stuttgart Maschinen nach Dortmund, Köln und Frankfurt (Main).

Im selben Jahr übernahm das Ausbesserungswerk Dessau die alleinige Unterhaltung der Baureihe 110. Opladen war von nun an für die übrigen Einheitselloks zuständig.

Am späten Abend des 8. Februar 2010 trifft die 110 425 mit ihrer RegionalBahn nach München in Kochel auf 111 026. | *Foto: U. Miethe*

Im Rahmen der zweiten Bahnreform wurde die Deutsche Bahn AG am 1. Januar 1999 in fünf getrennte Aktiengesellschaften aufgeteilt: Die DB Reise & Touristik AG, die DB Regio AG, die DB Cargo AG, die DB Netz AG und die DB Stationen & Service AG. Bei dieser Aufteilung wurden auch die Lokomotiven an die einzelnen Gesellschaften verteilt. Die Baureihen 110 und 113 kamen entsprechend ihres Einsatzgebiets im Nahverkehr zur DB Regio AG, wurden aber bei Bedarf an andere Bereiche ausgeliehen. Deshalb waren sie immer wieder mit Plan- und Sonderleistungen von DB Reise & Touristik unterwegs.

Bei der Trennung der Geschäftsbereiche wurden nicht nur die Fahrzeuge aufgeteilt, sondern auch die Werke. So mussten einige 110, die in Werken beheimatet waren, die nun dem Fernverkehr zugeschlagen wurden, in Werke von DB Regio umgesetzt werden. Das betraf beispielsweise die Loks aus Hamburg-Eidelstedt, die nach Göttingen umbeheimatet werden mussten. Inzwischen hatte die Auslieferung der neuen S-Bahn- und RegionalBahn-Triebwagen der Baureihen 423 bis 426 begonnen. Ab dem Jahr 2000 übernahmen die neuen Fahrzeuge erste Leistungen von der Baureihe 110. Erste Vergaben von Leistungen an private Anbieter verkleinerten das Einsatzgebiet der Baureihe 110. Die Bahn entschied sich, an den Kastenlokomotiven ohne Wendezugsteuerung keine Untersuchungen mehr durchzuführen und die Loks nach Ablauf der Fristen abzustellen. 110 102 fiel dieser Politik als erste zum Opfer. Auch bei Unfall- oder Brandschäden schieden die Loks aus dem Bestand aus.

Die 110 281 wird von der Schienenverkehrsgesellschaft SVG betreut, gehört aber noch DB Regio Baden-Württemberg. Sie ist inzwischen wetterfest in der Museumshalle in Horb untergestellt. | *Foto: M. Dostal*

Lange gehörte die Bespannung des D-Zug-Paares Berlin–Moskau/Moskau–Berlin zwischen Berlin und Frankfurt/Oder zu den Aufgaben der Baureihe 115. Am 26. Mai 2010 hat die 115 332 den D-Zug nach Moskau bei Fürstenwalde (Spree) am Haken. | *Foto: U. Miethe*

Mit einem Sonderzug für die Motorradgruppe des Bundestags nach München Ost wartet die 115 114 am 1. Juni 2011 in Berlin-Wannsee auf ihre Fahrgäste. | *Foto: M. Dostal*

Schon vor der zweiten Bahnreform war Anfang 1997 die DB AutoZug GmbH entstanden, eine Tochtergesellschaft der DB AG. Sie übernahm sämtliche Nacht- und AutoZug-Verbindungen der DB und betrieb die Shuttle-Züge nach Sylt. Außerdem unterstanden ihr die Schiffsverbindung nach Wangerooge und die dortige Inselbahn. DB AutoZug hatte zwar zahlreiche Schlaf- und Liegewagen im Bestand, aber noch keine eigenen Loks. Bis Herbst 2005 wurden Lokomotiven der Baureihe 101, 112 und 120 von DB Fernverkehr (ehemals DB Reise & Touristik) angemietet. Dann forderte DB Fernverkehr die Loks zurück, weil sie selbst Bedarf hatte. Daraufhin beschloss DB AutoZug,

Am Abend des 31. Oktober 2012 bringt die 110 483 den RE 19954 von Nürnberg nach Stuttgart. Dabei überquert sie den Viadukt bei Waiblingen. | *Foto: M. Dostal*

Mit den »Orient-Express« hat die 110 489 am 11. Juli 2012 bei Cossebaude eine ganz besondere Fracht am Haken. Für diesen Einsatz bekam die Lok sogar weiße Pufferringe. | *Foto: S. Bürgel*

Die 115 205 bringt am 25. Juni 2012 eine Leergarnitur Reisezugwagen nach München-Pasing. Dabei passiert sie die S-Bahn-Station Heimeranplatz südlich des Hauptbahnhofs. | *Foto: M. Dostal*

Die 110 169 wartet am 20. November 2014 im Bahnhof Minden (Westfalen) mit einem Versuchszug auf die Abfahrt in Richtung Osnabrück. Mit dem Güterwagen am Ende des Zuges werden Abhängeversuche auf der Strecke gemacht. | *Foto: U. Miethe*

Singen ist der Endpunkt für die Bespannung der IC-Züge in die Schweiz auf der Gäubahn. Hier gehen die Wagen an Schweizer Lokomotiven über. Am 8. Juni 2014 hat die 115 459 ihre Wagen nach Singen gebracht und übergibt sie nun an die Re 4/4 Nummer 11109 der SBB. | *Foto: M. Dostal*

eigene Maschinen zu beschaffen, um von Anmietungen unabhängig zu sein. Fündig wurde sie bei DB Regio, die sich zu dieser Zeit verstärkt von den Loks der Baureihe 110 und 113 trennte. DB AutoZug übernahm 43 Loks der Baureihe 110 sowie 113 267, 113 268 und 113 309 von DB Regio. Um ihre eigenen Loks schnell von den DB Regio-Maschinen unterscheiden zu können, nummerte DB AutoZug die Baureihe 110 in die Baureihe 115 um. Die Ordnungsnummer blieb dabei erhalten. Die 113 musste nicht umgezeichnet werden, weil es bei DB Regio keine 113 mehr gab. Alle AutoZug-Maschinen wurden in Berlin-Rummelsburg beheimatet. 36 von ihnen bekamen eine neue Hauptuntersuchung und blieben weiterhin im aktiven Dienst bzw. kehrten dorthin zurück. Die übrigen zehn

Mit dem IC 187 passiert die 115 509 am 26. April 2014 die Eisenbahn-Erlebniswelt der SVG in Horb. Dort stehen mehrere Exponate im Freien, darunter die gelbe 1315 der niederländischen Staatsbahnen. | *Foto: M. Dostal*

Fahrzeuge dienten als Ersatzteilspender. Die Loks 106, 232, 288, 289, 353, 354 und 378 wurden deshalb in Mukran auf der Insel Rügen abgestellt. Die Loks 286, 318 und 381 wurden von Dessau nach Berlin-Rummelburg geschleppt und dort abgestellt. Außer vor Nachtzügen werden die Baureihen 113 und 115 auch zu Sondereinsätzen herangezogen. So bespannen sie Personenzüge für besondere Zwecke (PbZ) mit denen zur Untersuchung anstehende Reisezugwagen den Ausbesserungswerken zugeführt werden. Das Werk Hamburg-Eidelstedt, das dem Fernverkehr zugeschlagen war, gab 1999 seine Loks der Baureihe 110 an das Regional-Werk Braunschweig ab. Weitere kamen aus Köln, Saarbrücken und Frankfurt/Main dazu, sodass der Bestand Anfang 2000 immerhin 87 Maschinen zählte. Dies änderte aber nichts am Einsatzgebiet der Maschinen. Änderungen beim Einsatz der Baureihe 110 gab es erst zur EXPO 2000 in Hannover. Im Fernverkehrs- und Regionalbereich wurden zahlreiche Sonderzüge nach und von Hannover eingesetzt. Die Regionalzüge wurden aber überwiegend von den neuen Loks der Baureihe 145 befördert.

Die 110 511 wurde an die Eisenbahn-Bau- und Betriebsgesellschaft Pressnitztalbahn mbH verkauft und als 110 043 bezeichnet. Zeitweise wurde sie von der National Express Holding GmbH genutzt. Am 16. Juni 2015 ist sie bei Leipzig Thekla allerdings mit einem Autozug unterwegs. | *Foto: M. Dostal*

Die 110 469 der TRI Train Rental GmbH im Einsatz bei der RailAdventure GmbH. Die Lok hat am 29. Juli 2016 mit zwei Kuppelwagen fabrikneue Stadtbahnwagen nach Karlsruhe gebracht und steht nun im Karlsruher Hafen zur Rückfahrt bereit. | *Foto: U. Miethe*

Die BSW-Freizeitgruppe »Die Bügelfalte 110 488-4« hat ihr Domizil in Rottweil und betreut außer der 114 488 die noch verkehrsrote 110 468. Bei den Rottweiler Dampftagen am 3. Oktober 2016 konnte die 114 488 neben der ebenfalls TEE-farbigen 218 105 bestaunt werden. | *Foto: M. Dostal*

Die 110 383 gehört der Centralbahn AG und ist blau/cremefarben lackiert. So ergibt sich ein einheitliches Erscheinungsbild mit den TEE-Wagen des Freundeskreis Eisenbahn Köln e.V.. Lok und Zug sind am 16. September 2017 zu den »Märklintagen« in Göppingen eingetroffen. | *Foto: M. Dostal*

Die eigentlich für den Güterzugdienst vorgesehenen Maschinen waren in Seddin stationiert und kamen nur leihweise nach Hannover. Braunschweig gab in dieser Zeit Loks der Baureihe 110 nach Dortmund ab. Im Anschluss an die EXPO wurden die Loks der Baureihe 145 nach Dortmund ausgeliehen und verdrängten dort abermals die Baureihe 110. Auch DB Fernverkehr konnte noch nicht ganz auf die Baureihe 110 verzichten. Deshalb mietete sie von DB Regio etwa 40 Lokomotiven an und nutzte sie für Turnus-, Nacht- und Sonderzüge. Die Loks wurden von Dortmund und Köln aus eingesetzt. Benötigte DB Fernverkehr die Loks nicht, so konnten sie von DB Regio genutzt werden.
2001 eroberte die Baureihe 110 auch die Werke im hohen Norden Deutschlands: 14 Lokomotiven aus Braunschweig wurden in Kiel beheimatet. Im gleichen Jahr kamen München und ein Jahr später Freiburg als »neue« Heimat für die Baureihe 110 hinzu. Allerdings waren in München schon seit 1992 Loks der Reihe E 10^{12} beheimatet, deren Bestand im Juni durch die ehemaligen Frankfurter 110 111, 112 und 114 verstärkt wurde.

Die Ausmusterung älterer Loks ohne Wendezugsteuerung ging auch 2001 weiter, so wurden über 30 Lokomotiven von ihren Untersuchungen zurückgestellt und über 50 Exemplare ausgemustert. Damit sank der aktive Bestand unter 300 Maschinen ab. Die Werke mit den meisten Lokomotiven waren Braunschweig und Stuttgart. So waren in Braunschweig im Winter 2000/2001 insgesamt 51 Maschinen der Baureihe 110 planmäßig eingesetzt. In Stuttgart waren es 52 in einem Laufplan und 13 in einem zweiten. Darin enthalten waren montags der EC 19 zwischen München und Innsbruck und an den Wochenenden der IC 118/119 zwischen München und Garmisch-Partenkirchen.

Im Sommer 2001 wurden einige Loks aus Braunschweig in den Regionalbereichen Schleswig-Holstein und Mecklenburg-Vorpommern eingesetzt. Sie wurden von Hamburg bzw. Rostock aus disponiert.

Im Frühjahr 2001 beendete das Werk Erfurt die Aufarbeitung der Baureihe E 10. 110 412 und 110 473 waren die letzten beiden Maschinen, die noch eine Revision mit komplettem Neuanstrich (IS 703) bekamen. Im Frühjahr 2002 kamen weitere 13 Maschinen nach München, diesmal aus Stuttgart. Die Münchener

Loks bespannten in einem elf Tage umfassenden Umlaufplan unter anderem Züge nach Regensburg, Nürnberg und Innsbruck. Außerdem arbeiteten sie im Abstelldienst zwischen München Hbf und München-Pasing. Im Sommer 2002 kamen noch einmal 15 Maschinen aus Stuttgart nach München, sodass nun Umlaufplan mit 20 Tagen gefahren wurde. Darin enthalten waren auch Züge der »Rollenden Landstraße« von München hinauf zum Brenner an die österreichisch/italienische Grenze.

Ende 2002 ging der planmäßige Einsatz der Baureihe 110 in Kiel schon wieder zu Ende. Die alten Vierachser wurden von der Baureihe 112 abgelöst. Weil aber zu wenige Loks zur Verfügung standen, hielt das Werk Kiel acht Exemplare der Baureihe 110 als Reserve vor. Sie liefen in den Plänen der Baureihen 112 und 141. Die übrigen Loks der Baureihe 110 wurden abgestellt bzw. nach Köln abgegeben. 2005 wurde als letzte beige/ozeanblaue Bügelfalten-Maschine 110 318 vom Werk Kiel von einer Untersuchung zurückgestellt.

Zuvor war sie schon längere Zeit wegen einer Flachstelle an den Radsätzen in Kiel abgestellt und fuhr keine Einsätze mehr.

Für die Kölner Loks der Baureihe 110 erschloss sich im Winter 2002/2003 ein neues Aufgabenfeld. Sie wurden zur Bespannung von Wintersportzügen zwischen den Niederlanden und Österreich genutzt. So waren die Loks an den Wochenenden zwischen Venlo/Aachen und Bludenz, Zell am See, Innsbruck und Brenner unterwegs. Für diese Einsätze wurden fünf Lokomotiven benötigt.

Im Sommer 2003 nutzte das Werk München 20 Maschinen in drei Laufplänen. Die Loks kamen im Norden bis Nürnberg und Günzburg, im Süden ging es bis Freilassing, Kufstein und Reutte in Tirol. 2003 erhielten im Werk Dessau die letzten Exemplare der Baureihe 110 noch einmal Hauptuntersuchungen. So verließen im Mai 110 200 aus Trier und im August 110 284 aus Braunschweig als letzte das Werk mit einem neuen Anstrich. Im September folgte mit 110 320 die letzte nicht wendezugfähige »Bügelfalte«, ebenfalls mit einem neuen Anstrich. Im Juli 2004 schloss sich noch die Braunschweiger 110 449 an. Und die allerletzte 110 von DB Regio, die aufgearbeitet wurde, stammte mit 110 491 ebenfalls aus der Stadt Heinrichs des Löwen. Sie verließ das Ausbesserungswerk am 18. Oktober 2006.

DB Regio wurde 2004 weiter aufgeteilt. Es entstanden DB Regio Schleswig-Holstein und Hamburg, Nordost, Niedersachsen und Bremen, Mitteldeutschland, Nordrhein-Westfalen, Hessen, Rheinland-Pfalz, Saarland, Baden-Württemberg und Bayern. Im gleichen Jahr wurde mit 113 311 die letzte E 10^{12} in TEE- Lackierung ausgemustert. Die Lok kam vom Werk München und wurde ins DB Museum nach Koblenz-Lützel gebracht.

Im Herbst 2004 übernahmen neu in Plochingen beheimatete Triebwagen der Baureihe 425 den Dienst der Baureihe 110 auf der Gäubahn zwischen Stuttgart und Singen. Für die 110 verblieb nur noch das Zugpaar RE 19627/19698.

Im Dezember 2004 übernahm DB Systemtechnik in Minden nach der 110 385 abermals eine 110 von DB Regio. Diesmal war es sie Kasten-Lok 110 169. Sie bekam die Aufschrift »Bahntechnik mit Kompetenz« und war auch 2011 noch vor Messzugen in ganz Deutschland unterwegs. Bei ihr handelt es sich um eine E 10 mit ganz besonderer Geschichte, denn sie war die erste Maschine ihrer Baureihe, die schon im Sommer 1993 mit der damals neuen Linienzugbeeinflussung CIR-ELKE ausgestattet wurde. Sie war die einzige »Kasten«-E 10 und kam mit ihren »Bügelfalten«-Schwestern Ende 2002 zum Werk Freiburg. Im Mai 2017 trennte sich die DB von der Maschine und verkaufte sie an die Leipziger Dampf KulTour GbR, die sie – nun in beige/rotem Anstrich – vor Sonderzügen nutzt. 2023 wurde die Lok schließlich beige/ozeanblau lackiert.
Ein weiteres Betätigungsfeld fanden einige Maschinen der Baureihe 110 ab bei DB Bahn Charter, einem Geschäftsbereich der DB Vertriebs GmbH. Kunden können bei DB Bahn Charter ganze Züge mieten,

zum Beispiel für Sondereinsätze wie Betriebsausflüge, aber auch – mit den entsprechenden Wagen – für rollende Ausstellungen. DB Bahn Charter bekam für diese Einsätze von DB Regio mehr als zehn Loks der Baureihe 110, die meisten davon »Kasten«-Loks ohne Wendezugsteuerung. Später wurden die Kasten-Loks nach und nach durch »Bügelfalten«-Maschinen abgelöst, die von DB Regio nicht mehr benötigt wurden. Diese Loks waren mit vielen Sonder- und Ausstellungszügen in ganz Deutschland unterwegs.
Im Herbst 2005 mangelte es Railion, der Güterverkehrssparte der DB AG, wegen der verstärkten Ausmusterung von Loks der Baureihe 140 an betriebsfähigen Maschinen, deshalb mietete Railion 110 200, 276, 278, 321, 322, 325 und 329 von DB Regio und setzte sie in ganz Deutschland vor Güterzügen ein. Weitere Loks wurden von Railion bei DB Bahn Charter angemietet. Allerdings forderte DB Regio einige Loks wegen Eigenbedarfs bald wieder zurück.
Railion bekam nun 110 115, 202, 203 und 216. Ende März 2006 waren die Einsätze der Baureihe 110 von DB Regio bei Railion schon wieder Geschichte. Im Dezember gingen auch 110 339 und 110 340 von Railion an DB Bahn Charter zurück. Mit der Dortmunder 110 276 wurde am 5. April 2006 die letzte orientrote Maschine dieser Baureihe bei DB Regio ausgemustert. Zwei Tage später fiel sie bei der Firma Bender in Opladen dem Schneidbrenner zum Opfer.

Mit der Fußball-Weltmeisterschaft 2006 bekam die Baureihe 110 kurzzeitig neue Aufgaben. Die Werke Dortmund und Köln stellten jeweils sechstägige Umlaufpläne auf. Dafür übernahmen die beiden Werke leihweise Loks der Baureihe 110 aus Frankfurt und München. Dieser Einsatz endete am 10. Juli. Fünf Tage später brachten mehrere Sonderzüge, die mit Loks der Baureihe 110 bespannt waren, Fans aus ganz Deutschland zur Love-Parade nach Berlin.

Von den Strecken rund um Kassel wurden die Frankfurter 110 im Dezember 2006 abgezogen, nachdem die Cantus Verkehrsgesellschaft mbH die Ausschreibung für den Nahverkehr gewonnen und die

Die E 10 1309 der TRI Train Rental GmbH zeigt sich wieder in Outfit der 1960er-Jahre und wird gern mit den TEE-Wagen der AKE-Eisenbahntouristik genutzt. Am 24. März 2016 ist sie allerdings mit anderen Wagen auf der Tharandter Rampe in Richtung Freiberg (Sachsen) unterwegs. | *Foto: Dr. Ch. Schröfl*

E10 1309

Mit ihrer etwas gewöhnungsbedürftigen Lackierung ist die 110 169 von Euro-Express vor dem DLr 1760 (Münster–Düsseldorf-Eller) am 29. Juni 2018 in Gruiten unterwegs. | *Foto: J. Bügel (Eisenbahnstiftung)*

Leistungen von DB Regio übernommen hatte. Heute werden die Leistungen mit »Flirt«-Triebwagen der Baureihen 427 und 428 erbracht.

Im Sommerfahrplan 2006 bespannten Braunschweiger 110 den IC 2333/2432, allerdings nur auf der gut drei Kilometer langen Strecke zwischen Emden und Emden Außenhafen. Er kam mit einer 101 nach Emden und wurde dort von der 110 übernommen. Zu dieser Zeit benötigte Stuttgart noch 15 Maschinen. 13 davon waren im Wendezugdienst unterwegs, zwei kamen ohne Wendezugsteuerung aus. Wendebahnhöfe waren unter anderem Ulm, Donauwörth, Würzburg und Nürnberg.

Nach der »Maus«-Lok 110 von 1996 war gut zehn Jahre später, im August 2007, wieder eine beklebte 110 auf den Gleisen der Deutschen Bahn AG unterwegs. Diesmal war es 110 325 vom Betriebshof Dortmund, die mit einem Zug vom Reiseveranstalter »Ameropa« zwischen 24. Und 30. August in sechs Großstädten Station machte. Der Zug bestand aus

Die 110 350 wurde von der TeutoLok GmbH übernommen. Die inzwischen wieder blau lackierte Maschine ist bei der Gesellschaft für Fahrzeugtechnik mbH (GfF) eingestellt und wird für Sonderleistungen genutzt. Am 16. Oktober 2023 wartet sie in Heidenau (Sachsen) auf ihre nächste Fuhre. | *Foto: M. Dostal*

vier Reisezugwagen und drei Tragwagen, die mit Containern beladen waren. Alle waren mit weiß/blauen Folien beklebt und zeigten Ansichten unterschiedlicher Urlaubsregionen und -städten. Auf der 110 war eine Stadtansicht von Tübingen zu sehen. Nach dem Ende der Werbetour trug die Lok ihre Beklebung noch bis Mitte Januar 2008 und war in dieser Form vor Planzügen unterwegs.

Gut einen Monat später war der Werbezug von »Stiebel Eltron« unterwegs, der den Besuchern die Vorteile von Wärmepumpen näherbrachte. Die vier rot beklebten Reisezugwagen wurden mit der 110 243 bespannt. Die Lok behielt ihre verkehrsrote Lackierung. Es wurden lediglich Schriftzüge und Logos an den Seitenwänden angebracht und die weißen Kontrastflächen an den Stirnwänden entfernt.In dieser Form verkehrte der Zug vom 10. September 2007 bis zum 22. November 2007. Nach der Werbekampagne war die Lok mit der Beklebung noch bis 20. Februar 2008 eingesetzt, ehe die Folien entfernt wurden. Sie wurde am 28. Oktober 2010 von der Ausbesserung zurückgestellt und erst am 30. Mai 2011 ausgemustert, obwohl sie schon Mitte Mai bei der Theo Steil GmbH in Trier-Ehrang zerlegt worden war.

Mitte der 2000er-Jahre verloren die Werke in Braunschweig, Freiburg, Kiel, Köln-Deutzerfeld, München und Trier ihren kompletten Bestand an der Baureihe 110. Somit waren die Maschinen nur noch in Frankfurt (Main), Dortmund und Stuttgart beheimatet. Zwischen August 2008 und Juni 2012 stand dem Werk Ludwigshafen eine 110 zur Verfügung. Bereits im April 2008 war der nächste Werbezug mit einer 110 unterwegs. Diesmal war es 110 321, die zusammen mit drei Reisezugwagen auf das Kinderfernsehen »KI.KA.« aufmerksam machte. Der Zug startete am 1. April in Berlin und war am 12. April, dem Ende seiner Tour, in Halle an der Saale. Am 7. Mai wurden die Folien wieder entfernt und bereits im Oktober desselben Jahres schied die Lok aus dem aktiven Dienst aus.

Außer der Vergabe von Nahverkehrsnetzen an private Anbieter, den Zugang neuer Lokomotiven und Triebwagen bei der Deutschen Bahn sorgten auch die

Nach dem Einsatz bei der National Express Holding GmbH bekam die 110 043 (110 511) den für die Eisenbahn-Bau- und Betriebsgesellschaft Pressnitztalbahn mbH üblichen blauen Anstrich. So fährt sie am 31. Mai 2019 mit einem Autozug durch Bremen Hbf. | *Foto: Th. Estler*

Die 113 267 wurde von der Bayernbahn GmbH übernommen und steht heute als nicht betriebsfähiges Exponat in TEE-Lackierung im Eisenbahnmuseum in Nördlingen. (12. Oktober 2019) | *Foto: M. Dostal*

Auch die blaue 110 262/139 262 gehört der Bayernbahn GmbH. Sie ist aber betriebsfähig und wird vor Güter- und Sonderreisezügen genutzt. Am 18. August 2019 fährt sie mit einem Kesselwagenzug durch Esslingen am Neckar. | *Foto: M. Dostal*

Die E 10 228 gehört der Gesellschaft für Eisenbahnbetrieb mbH (GfE) ist aber als Dauerleihgabe beim DBK Historische Bahn e.V. in Betrieb. Mit ihr werden Sonderfahrten zu attraktiven Zielen veranstaltet. Am 29. Mai 2022 fährt die Lok bei Fellbach am Schluss Sonderzugs in Richtung Stuttgart. | *Foto: Th. Estler*

neuen Doppelstockwagen für einen Einsatzrückgang der Baureihe 110. Die Doppeldecker sind nämlich mit einer zeitmulitiplexen Wendezugsteuerung ausgestattet, die von der 110 nicht bedient werden kann. Als Zugloks waren Maschinen der Baureihe 143 vorgesehen, die die 110 ablösten. Dies machte sich besonders in Stuttgart bemerkbar.

Anders sah die Situation in München aus. Dort gab es Probleme mit der Abnahme der neuen Triebwagen der Baureihe 440 für den »Fugger-Express«. Weil dieses Angebot aber bereits angekündigt bzw. eingeführt worden war, musste nun die Baureihe 110 aushelfen. Dazu kamen aus Dortmund 110 420, 426, 457, 463, 470, 493, 497, 501 und 504 nach München. Frankfurt (Main) schicke 110 404, 411, 430 und 443, Trier 110 166, 320, 333 und Köln 110 363 und 396. Stuttgart beteiligte sich nur mit 110 416 an dieser »Spendenaktion«.

Zu einer größeren Werbekampagne kam es mit dem »Science Express – Expedition Zukunft«. Hier wollte die Max-Planck-Gesellschaft in München mit mehreren Ministerien und Forschungsgemeinschaften im Rahmen des »Wissenschaftsjahres 2009« dem Publikum die Arbeit der Institute und Interesse

Die 110 292 gehört zum Bestand der Gesellschaft für Fahrzeugtechnik mbH (GfF). Obwohl der »Rewe«-Supermarktzug nicht mehr unterwegs ist, wird die Lok weiterhin mit Werbung genutzt. (Crailsheim, 25. September 2023) | *Foto: M. Dostal*

an Physik und Wissenschaft näherbringen. Der Zug bestand aus zwölf Ausstellungswagen, die unterschiedlichen Themen gewidmet waren. Die Wagen waren komplett in Weiß beklebt und mit unterschiedlich farbigen Punkten versehen. Zur Beförderung und auch zur Energieversorgung wurden 110 325 und 110 329 ausgewählt. Sie bekamen die gleiche Beklebung wie die Wagen, hatten aber an den Stirnseiten senkrechte rot/orangefarbene Streifen und die Aufschrift »Wissenschaftsjahr 2009 – Forschungsexpedition Deutschland«. Als Startbahnhof am 24. April 2009 wurde Berlin Hbf gewählt und am 24. November 2009 kam der Zug wieder in Berlin an. Nach dem Ende der Fahrt behielten die beiden Lokomotiven ihre Beklebung bis zu ihrer Ausmusterung. Dies war bei der 110 325 am 26. April 2010 und bei der 110 329 am 18. Januar 2011 jeweils der Fall.

110 401 wurde am 15. September 2009 in Ludwigshafen beheimatet. Sie kam aus Frankfurt und hatte an Werktagen von Ludwigshafen aus Regional-

Mit einem langen und recht vielfältigen Personenzug für besondere Zwecke (PbZ) ist die 110 459 am 8. Mai 2018 bei Oberesslingen in Richtung Stuttgart unterwegs. | *Foto: : M. Dostal*

züge zwischen Mainz und Karlsruhe zu befördern. Damit hatte Ludwigshafen erstmals eine Maschine der Baureihe 110 im Bestand. Die Maschine blieb bis in den März 2012 und wurde danach wieder nach Frankfurt (Main) zurückgegeben.

Zum Winterfahrplan 2009/2010 am 13. Dezember endeten offiziell die Planeinsätze bei den Werken Köln und Dortmund. Ihre Leistungen gingen an die Baureihe 111 und 435 über. Stuttgart hatte nur noch drei einsatzbereite Maschinen, für die lediglich zwei eintägige Umlaufpläne erstellt worden waren. Eine Lok war mit Verstärkerzügen zwischen Stuttgart und Tübingen unterwegs, die andere zwischen Backnang und Marbach. Trier setzte seine drei Loks nur noch zwischen Koblenz, Mainz und Frankfurt (Main) ein.

2010 gab es noch einmal einen mit einer 110 bespannten Werbezug. Diesmal war 110 457 mit dem »AEG-Showtrain« unterwegs. Mit sechs Reisezugwagen begann sie ihre Fahrt am 11. Oktober 2010 in

Eine weitere GfF-Lok die 110 459, die seit Herbst 2021 einen orientroten Anstrich trägt, den sie bei der Deutschen Bahn allerdings nie hatte. Sie schiebt den MEX 12 (89477) am 5. September 2023 bei Altbach in Richtung Plochingen/Tübingen. | *Foto: M. Dostal*

Nürnberg und kam am 9. Dezember 2010 in Berlin Hbf an. Lok und Wagen waren komplett graubraun beklebt und trugen die weißen Aufschriften »AEG – perfekt in form und funktion« und »Die neue Kollektion – Entdecken mit Leidenschaft« in Blau. Die Lok verlor Anfang Februar ihre Folien und war bis zu ihrer Ausmusterung am 19. September 2013 wieder in Verkehrsrot unterwegs.

Im selben Jahr feierte DB Autozug 80 Jahre Autoreisezüge. Dazu wurde eine Lok der Baureihe 115 mit passenden Folien beklebt. Ausgewählt wurde 115 509. Das von Gudrun Geiblinger gestaltete Motiv zeigte einen roten offenen Sportwagen der 1930er-Jahre vor einem anthrazitgrauen Hintergrund. Der Sportwagen fuhr auf beiden Seiten in Richtung Führerstand 1 der Lok, sodass sich ein unsymmetrisches Motiv mit zwei unterschiedlichen Stirnseiten ergab. Die Lok fuhr mit dieser Beklebung bis zu ihrer Abstellung Ende 2020 und wurde danach an die Train-4Train GmbH in Bodenwerder verkauft.

Zum Jahreswechsel 2010/2011 waren nur noch drei Kasten-E 10 im aktiven Bestand von DB Regio. 110 200, 236 und 284 waren noch für DB Bahn Charter unterwegs. Als letzte dieser drei Kasten-Loks wurde 110 284 am 19. Juli 2011 ausgemustert. Mit ihr ging die Zeit der Kasten-110 bei DB Regio zu Ende. Allerdings setzte DB AutoZug weiterhin Kasten-Loks der Baureihe 115 ein.

Im München waren zwar noch 110 320 und 110 333 beheimatet, sie hatten aber keinen Umlaufplan mehr, sondern brachten fallweise Regionalzüge nach Kufstein bzw. und Freilassing und beförderten Leer-Reisezüge zwischen dem Hauptbahnhof und dem Abstellbahnhof in München-Pasing.

Stuttgart setzte noch 110 446, 483 und 508 ein. Sie fuhren weiterhin zwischen Stuttgart und Tübingen sowie auf der »kleinen Murrbahn« zwischen Backnang und Marbach. Im Frühjahr 2011 kam 110 416 aus Trier nach Stuttgart zurück. Als besondere Leistung der Stuttgarter 110 ist der »Enztäler«-Radexpress zu nennen, der zwischen 1. Mai und 16. Oktober an Sonn- und Feiertagen zweimal pro Tag zwischen Stuttgart und Bad Wildbad pendelte. Diese Einsätze sind auch für 2012 wieder vorgesehen.

Das Werk Dortmund stellte wieder einen Plan für die Baureihe 110 auf, die zuvor nur noch Sondereinsätze gefahren hatte. Nun benötigte DB Regio wieder elf dieser Loks. Neun davon kamen aus Braunschweig. Sie waren frei geworden, weil die NordWestBahn Verkehrsleitungen auf den Strecken rund um Bremen übernommen hatte. In Trier gab es zu diesem Zeitpunkt keinen Umlaufplan mehr. Die Lokomotiven wurden nur noch für Ersatzbespannungen genutzt. Als letzte verabschiedeten sich 110 295, 300 und 326 im Frühjahr 2011 aus Trier. Alle drei wurden abgestellt. 110 295 fiel dem Schneidbrenner zum Opfer, 110 300 ging leihweise an den Verein »Baureihe E 10 e. V.« in Köln.

Im September 2011 stellte München mit 110 320 seine letzte Lok der Baureihe 110 von einer Untersuchung zurück. Damit endete der Einsatz der vierachsigen Schnellzuglok von der bayerischen Landeshauptstadt aus.

Zum Winterfahrplan 2011/2012 endete in Braunschweig der planmäßige Dienst der Baureihe 110. Acht der neun noch in Braunschweig vorhandenen Loks wurden nach Dortmund um- beheimatet. 110 468 wurde wegen ihres nahenden Fristablaufs nicht abgegeben. Sie fuhr noch einige Zeit im Umlauf der Baureihe 111 mit.

Einen besonderen Anstrich trägt die 139 287 der BayernBahn GmbH. Ihr mittlerer Kastenbereich ist metallic orangefarben lackiert. Hier ist sie am 1. Juni 2023 bei Würzburg unterwegs. | *Foto: M. Dostal*

Zur gleichen Zeit kamen Loks der Baureihe 115 von DB AutoZug wieder zu InterCity-Ehren. Weil die DB ihre Neigetechnik-ICE der Baureihen 411 und 415 anderweitig benötigte, wurden diese Züge von der Relation Stuttgart–Zürich abgezogen und durch lokbespannte Wagenzüge ersetzt. Deren Wagen kamen von den Schweizerischen Bundesbahnen (SBB), die Loks von der DB. Fallweise kamen hier die Baureihen 101, 120, 181 zum Einsatz, aber auch die Baureihe 115 von DB AutoZug. Die Maschinen der Baureihen 101 und 120 wurden aber benötigt, um die angemieteten Loks der Baureihe 182 auf »schnellen« Strecken zu ersetzen. Deshalb bespannte die DB nun die IC- Züge zwischen Stuttgart und Singen planmäßig mit Loks der Baureihe 115. Diese Züge waren seither beliebte Fotoobjekte für zahlreiche Eisenbahnfreunde entlang der Gäubahn.

Im Januar 2012 verließ 110 320 als letztes Exemplar ihrer Baureihe ihre Heimatdienststelle München und wurde zur Verschrottung zu Bender nach Opladen gebracht.

Am 26. April 2012 bespannte 110 469 den Sonderzug PF 2762 von Kufstein bis nach Pasewalk. Am 29. April fuhr sie mit dem Gegenzug PF 2763 wieder nach Kufstein zurück. 110 491 hatte den PF 13983 (Ljubljana–Tuttlingen) zwischen Bischofshofen und Stuttgart am Haken. Die Rückleistung erbrachte am 4. Mai 2012 die 110 480. Sie brachte am 6. Mai 2012 einen Sonderzug von München nach Butzbach. 113 268 war am 7. Mai 2012 für die Beförderung eines Pilgerzugs nach Lourdes von Nürnberg über München nach Basel vorgesehen.

Im Juni 2012 war der »Fan Connection«-Sonderzug vom Süßwarenhersteller Ferrero unterwegs. Er brachte Fußballfans zu einem Spiel der Europameisterschaft von Hannover nach Berlin. Dazu wurden die Wagen und 110 491 mit passenden Aufklebern versehen. Nach dem Ende der Sonderfahrt blieb die Lok noch bis Ende Juli mit Aufklebern in Betrieb, die danach entfernt wurden. Nach ihrer Ausmusterung bei der Deutschen Bahn am 8. Dezember 2014 ging sie an die BahnTouristikExpress GmbH (BTE). 2023 erwarb die Gesellschaft für Fahrzeugtechnik mbH die Maschine.

Wegen der planmäßigen Abstellung von Maschinen der Baureihe 140 übernahmen die 110/115 nun mehr und mehr bahninterne Aufgaben und wurden verstärkt im PbZ-Dienst eingesetzt. Mit diesen »Personenzügen für besondere Zwecke« wurden meist defekte oder zur Untersuchung anstehenden Reisezugwagen von ihren Heimatbetriebshöfen in Ausbesserungswerke und wieder zurückgebracht. Für diese Züge gab es feste Fahrpläne, sodass diese mehr und mehr in den Fokus von Eisenbahnfotografen gerieten.

Ende August waren zwei der drei betriebsfähigen Stuttgarter Maschinen in Plänen nach Tübingen und eine im Ersatzverkehr zwischen Backnang und Schwäbisch Hall-Hessental unterwegs. Der Ersatzverkehr endete am 7. September 2012. Als letzte war 110 416 mit dem Lr 72733 von Murrhardt nach Stuttgart Hbf unterwegs.

Zum Planwechsel am 8. Dezember 2012 endete der Einsatz der Baureihe 110 beim Betriebshof Frankfurt/Main.

Aber auch 2013 wurden die Loks als Reserve beispielsweise bei Ausfällen von ICE-Züge oder Loks der Baureihe 101 im Fernverkehr genutzt.

So waren immer wieder 110er zwischen Köln und Norden und Norddeich Mole im Einsatz.

Ein echtes Highlight im Jahr 2013 war die Bespannung des Nostalgie-Orient-Express (Kopenhagen–Venedig) am 14. Und 15. April auf dem Abschnitt zwischen Padborg und München Ost mit der 115 448. 115 509 überführte am 14. April den SNCF-Showtrain von Saarbrücken nach Düsseldorf und blieb auch 15. April während der Ausstellung am Zug.

In Stuttgart feierte man das offizielle Ende der Baureihe 110 mit zwei Abschiedsfahrten. Zum einen war 110 483 an ihrem letzten aktiven Tag, am 15. Mai 2013, mit einer besonderen Aufschrift noch einmal zwischen Stuttgart und Nürnberg unterwegs. Zum anderen gab es am 13. Juni 2013 eine Abschiedsrunde mit 110 446, die die Lok unter anderem nach Tübingen und Kornwestheim brachte. Allerdings war die Lok danach noch fallweise im Einsatz. So gab es IC-Bespannungen nach Ulm und auf der Gäubahn. Am 11. und 18. August war die Maschinen vor dem Enztäler Radexpress nach Bad Wildbad eingesetzt. Am 21. August war sie ein letztes Mal mit den RB 39914 und RB 39927 von Stuttgart nach Heilbronn und zurück im Personenverkehr im aktiven Dienst. An ihrem letzten Einsatztag fuhr sie als Lr 72769 von Stuttgart Hbf in den Stuttgarter Hafen und als Lr 72768 wieder zurück. Danach wurde 110 446 offiziell z-gestellt. Beide Maschinen wurden später bei der Firma Steil in Eschweiler-Aue verschrottet.

Zum Planwechsel im Dezember 2013 bekam die Baureihe 113 einen eintägigen Umlaufplan, in dem die CNL 458/ 459 zwischen Erfurt und Leipzig sowie die IC 2238/2239 zwischen Leipzig und Magdeburg/Rostock vorgesehen waren.

2013 gingen auch die ersten privaten Maschinen der Baureihe 110 in Betrieb. So wurde 110 511 des Werks Dessau im Dezember an die Eisenbahn-Bau- und Betriebsgesellschaft Pressnitztalbahn mbH verkauft. Sie wurde aufgearbeitet, neu blau/weiß im Design der National Express Rail GmbH lackiert und überwiegend vor Güterzügen genutzt. Danach trug sie zeitweilig die Farben der PRESS (vgl. unten). Anfang 2014 waren mit 110 469 und 491 nur noch zwei Exemplare im Bestand von DB Regio. 110 469 wurde im März 2014 außer Dienst gestellt und mit 110 491 verabschiedete sich am 23. Oktober 2014 die letzte 110 aus dem Bestand von DB Regio. Somit war 110 169 von DB Systemtechnik die letzte Maschine ihrer Baureihe 110 bei der Deutschen Bahn.

Nach 110 511 und 110 491 war 110 469 die dritte Maschine, die an ein privates Bahnunternehmen ging. Die TRI Train Rental GmbH aus Eckental kaufte die Maschine 2015, ließ sie aufarbeiten und bespannte mit der nun blau lackierten Maschine ihre eigenen Reisezüge, die aus passend lackierten, ehemaligen DB-RegionalBahn-Wagen bestanden. TRI übernahm auch 113 309 und baute sie als TEE-Lok E 10 1309 wieder auf.

Anders sah es bei der Baureihe 115 aus. Hier bekamen 115 114, 198, 261 und 293 eine IS-630-Untersuchung (Zustandsbezogene Hauptuntersuchung mit erforderlichen Mindestarbeiten nach Auftrag des Kunden). 115 261 bekam Anfang März 2014 die letzte Untersuchung an einer 115.

Zu den Top-Leistungen der Baureihe 115 gehörte die Bespannung der IC-Züge auf der Gäubahn zwischen Stuttgart und Singen. Dazu gab es Montag bis Freitag zwei, Freitag bis Sonntag drei Plantage, in denen die Loks in der Regel zweimal zwischen Singen und Stuttgart unterwegs waren. 2015 wurden diese Leistungen stark reduziert und im Dezember 2017 endete der reguläre Einsatz auf der Gäubahn, denn »Taurus«-Maschinen der ÖBB übernahmen von nun an diesen Dienst. Allerdings gehörte die Beförderung der Nachtzüge CNL 486/487 (München Ost–München, Freitag bis Sonntag) und CNL 458/459 (Leipzig–Erfurt) noch zu den Aufgaben der Baureihe 115.

Im April 2016 wechselte 110 428 aus dem Bestand von DB Regio zu TRI. Auch sie wurde wieder in Blau lackiert und vor den Zügen von TRI genutzt. Im September desselben Jahres gingen 115 278 und 115 383 an die Centralbahn AG. Während die zur 110 278 zurückgezeichneten Lok ihren ursprünglich blauen Anstrich bekam, wurde 110 383 in den Farben der ersten TEE-Züge kobaltblau und cremefarben gestrichen. Bereits 2015 hatte die Bayernbahn GmbH die zur 139 umgebaute 110 262 übernommen und nutzt die wieder blaue, als 110 262 beschriftetet Maschine vor Güterzügen.

2017 gingen wieder mehrere Maschinen in Privatbesitz über, darunter auch 110 169 von DB Systemtechnik, die an Euro-Express Sonderzüge GmbH & Co. KG in Münster verkauft wurde und dort einen rot-/beigefarbenen TEE-Anstrich bekam.

Die Bayernbahn AG übernahm im selben Jahr 113 267, auch sie bekam das TEE-Farbkleid, wurde aber nur als rollfähiges Exponat aufgearbeitet. Die Lok kann in Nördlingen besichtigt werden. Ebenfalls für die Bayernbahn war ab 2017 139 287 als 110 287 unterwegs. Auffällig ist ihr Anstrich mit blauen Führerräumen und einem orangefarbigen Metallicanstrich zwischen den Türen.

Ende 2017 hatte die Deutsche Bahn noch die Maschinen 115 114, 198, 261, 293, 350, 448, 459 und 509 im Bestand.

Das Jahr 2018 brachte noch einmal einen Aufschwung für die Baureihe 115. In diesem Jahr sollten eigentlich die IC-Lokomotiven der Baureihe 147^5 mit neuen Doppelstockwagen in Betrieb gehen. Allerdings gab es große Probleme mit den Fahrzeugen, sodass deren Einsatz zunächst nicht möglich war. Somit mussten die Züge weiterhin aus alten einstöckigen IC-Wagen gebildet werden, von denen einige mit der Baureihe 115 bespannt wurden, so freitags und samstags das Zugpaaar IC 1285/1280 zwischen München und Wörgl, den sich die 115 mit der 103 245 teilte. Im Oktober 2018 bekam die Baureihe 147^5 ihre Zulassung und verdrängte die Baureihe 115 weiter aus dem Plandienst.

Anfang 2018 wurde 113 268 für TRI aufgearbei-

Eine orientrote Kasten-110 ist die 110 198 der TRI Train ohne Rental GmbH. Sie hat am Abend des 8. Januar 2024 einige Reisezugwagen nach Stuttgart gebracht und schiebt diese nun in die Abstellgruppe, ohne allerdings die Stirnbeleuchtung auf Rot gewechselt zu haben.
| *Foto: M. Dostal*

tet. Auch sie bekam den rot-/beigefarbenen TEE-Anstrich behielt, aber im Gegensatz zur E 10 1309 ihre UIC-Nummer 112 268.

Auch Anfang 2019 waren die neun oben genannten Loks der Baureihe 115 im Bestand. Allerdings wurde 115 261 bereits Ende November 2018 z-gestellt. 115 350 folgte ihr Anfang Januar 2019. Aktiv waren aber noch 115 198, 261 und 459. Sie hatten aber keinen regulären Umlaufplan mehr, sondern wurden nur noch bei Bedarf genutzt. Mitte Februar waren alle drei Loks noch einmal im Einsatz.

Ein Jahr später befanden sich nur noch die 198 und 261 im Bestand der DB. 115 448 und 115 459 wurden im Februar bzw. September 2020 an TRI verkauft. Im Februar 2021 ging 115 459 an die Gesellschaft für Fahrzeugtechnik mbH (GfF) in Crailsheim.

Ende 2019 waren 115 198 und 261 von Berlin-Rummelsburg noch sporadisch im Rangierdienst anzutreffen. Während 115 114 vom DB Museum häufig mit Überführungsfahrten unterwegs war. Am 7. Januar 2020 wurden beide Maschinen schließlich zurückgestellt und beendeten somit die Geschichte der Baureihe E 10 bei der Deutschen Bahn AG.

Seit Anfang 2021 gibt es wieder eine neue Farbvariante bei der Baureihe 110. Die GfF hatte ihre 110 459 aufgearbeitet und gab ihr das orientrote Farbkleid der späten Bundesbahn zurück. Sie wird wie die meisten 110 für Sonderleistungen und in Ersatzverkehren genutzt.

Am 30. April 2021 brachte 111 025 der Train4Train GmbH (T4T) 115 509 (80 Jahre Autoreisezug) ins Werk Dessau. Ihre Werbung ist mittlerweile so stark verwittert, dass sie sie bei einer Aufarbeitung wahrscheinlich verlieren wird, denn die Lok soll eine neue Lackierung bekommen.

Im Herbst 2021 bekam 110 292 der GfF eine besondere Aufgabe übertragen. Mit grünen Folien beklebt war sie von 5. November bis 11. Dezember in Hessen mit dem Rewe-Supermarktzug unterwegs, dieser bestand aus fünf Reisezugwagen, die in Verkaufsräume umgebaut worden waren. Der Zug stand in der Regel zwei Tage an einem Bahnhof und konnte als Supermarkt genutzt werden. Nach dieser Aktion fanden leider keine weiteren Fahrten mehr statt. Am 3. September 2022 hatte die Lok einen Unfall. Sie wurde bei einer Flankenfahrt beschädigt und musste abgestellt werden.

Die GfF entschied sich aber für eine Reparatur und Ende 2023 war die Lok wieder einsatzfähig. Am 17. Januar 2023 fuhr sie mit dem Rewe-Supermarktzug zur Grünen Woche in Berlin. Von dort ging es 31. Januar 2023 zurück nach Crailsheim. Die Lok trug auch Anfang 2024 noch ihre Beklebung und war vor normalen Reisezügen unterwegs.

Am 24. Januar 2022 brachte 110 292 die 115 350 aus Leipzig-Engelsdorf nach Crailsheim. Die Lok wurde von der Lok-Partner Betriebsgesellschaft GmbH & Co. KG in Witten gekauft. Sie wurde in Crailsheim betriebsfähig aufgearbeitet und ging in blauem Outfit in Dienst. 110 043 (ex. 110 511) der Eisenbahnbau- und Betriebsgesellschaft Pressnitztalbahn mbH verlor im Sommer 2022 bei einer Aufarbeitung ihr blaues Farbkleid und ist seither in beige/ozeanblauem DB-Anstrich unterwegs.

Im selben Jahr übernahm TRI Train Rental 115 198 von der DB AG. Nach einer Aufarbeitung in Crailsheim im Mai 2023 erstrahlt die Kastenlok wieder als 110 198 in orientroter Farbgebung. 115 261 und 115 293 gingen an die Schienenverkehrsgesellschaft mbH (SVG) mit Sitz in Stuttgart. 115 261 ist inzwischen wieder blau und wurde Ende November 2023 von der V 100 2084 von Horb nach Stuttgart geschleppt.

Am 3. Oktober 2023 wurde 115 448 von TRI zur Aufarbeitung in Mukran gebracht.

Abkürzungen der Eisenbahnverkehrsunternehmen

D-BTE =	BahnTouristikExpress GmbH, Nürnberg
D-BYB =	Bayernbahn GmbH, Nördlingen
D-EE =	Euro-Express Sonderzüge GmbH & Co. KG, Münster
D-GfF =	Gesellschaft für Fahrzeugtechnik mbH, Crailsheim
D-LP =	Lok-Partner Betriebsgesellschaft GmbH & Co. KG
D-NXG =	National Express Rail GmbH, Köln
D-PRESS =	Eisenbahn-Bau- und Betriebsgesellschaft Pressnitztalbahn mbH, Jöhstadt
D-SVG =	Schienenverkehrsgesellschaft mbH, Stuttgart
D-TFT =	Train4Train GmbH, Bodenwerder
D-TRAIN =	TRI Train Rental GmbH, Eckental

4.7 Museumsloks

Als die Loks der Baureihe E 10 nach und nach aus dem Betriebsdienst ausschieden, bemühten sich verschiedene Eisenbahnmuseen und Vereine um die Erhaltung einzelner Lokomotiven. Der größte Bestand an Museums-E 10 gehört dem DB Museum in Nürnberg. Die meisten dieser Loks können in der Außenstelle des DB Museums in Koblenz-Lützel besichtigt werden. Dort findet der Besucher die E 10 121, E 10 210,
E 10 348 und die »TEE«-Lok E 10 1311. Die E 10 002, die ebenfalls zum Museumsbestand gehört, war lange Zeit Lichtenfels untergestellt, wechselte aber 2016 nach Koblenz, wo sie nun begutachtet werden kann. Die E 10 005 war an das Bayerische Eisenbahnmuseum in Nördlingen verliehen, ist nun aber auch in Koblenz untergebracht, nachdem dem die Maschine äußerlich aufgearbeitet und neu lackiert wurde. Als »aktive« Museumslok ist die orientrote 115 114 in Diensten der DB Museums unterwegs. Sie erhielt 2021 eine Untersuchung, sodass die Lok bis 2029 eingesetzt werden kann. Das Museum nutzt sie zur Überführung ihrer nicht betriebsfähigen Maschinen zu Ausstellungen und Festen. Zu den noch nicht aufgearbeiteten Museumsloks gehört die noch verkehrsrote 110 223. Sie ist in Nürnberg hinterstellt und wartet auf ihre weitere Verwendung. Auch die ehemalige Heizlok in Leipzig, 110 226, harrt noch der Dinge, die da kommen mögen.

DB AutoZug übergab die E 10 152 an den Verein »Baureihe E 10 e. V.« in Köln-Nippes. Der Verein betreut auch die E 10 300, die ihm von DB Regio überlassen wurde. Die ehemalige Schnellfahrlok 110 300 trägt wieder den zweifarbigen beige/ozeanblauen Anstrich der 1980er-Jahre und ist als rollfähiges Exponat im DB Museum in Koblenz hinterstellt.

Die blaue E 10 228 wurde in die Verantwortung des DBK Historische Eisenbahn e. V. übergeben. Sie hat ihre Heimat nun in Schorndorf und wird häufig zur Bespannung von Sonderzügen im süddeutschen Raum genutzt. Die Lok ist blau lackiert und präsentiert sich in der Ausführung der Epoche III mit silberfarbenem Dach.

Eine der auffälligsten Museums-E 10 ist die E 10 1239 vom Lokomotivclub 103 e. V. Bei ihrer Aufarbeitung bekam die nun betriebsfähige Lok den Anstrich der ersten TEE-Ausführung mit blauem Rahmen und cremefarbenem Aufbau. Meist ist sie mit den farblich passenden TEE-Wagen des Freundeskreises Eisenbahn Köln e. V. (FEK) mit Sonderzügen in ganz Deutschland unterwegs.

Die Schienenverkehrsgesellschaft mbH (SVG) in Stuttgart hat 110 281 von DB Regio Baden-Württemberg in ihrer Obhut. Die verkehrsrote Lok wird wettergeschützt den Besuchern der Eisenbahn Erlebniswelt Horb gezeigt.

Unweit von Horb, in Rottweil, hat die BSW-Freizeitgruppe »Die Bügelfalte 110 488« ihr Domizil. Sie betreut 110 468 und 110 488-4. Während 110 468 noch verkehrsrot ist, hat 110 488, die ehemalige 112 488, wieder ihren zweifarbigen TEE-Anstrich bekommen. Beide Loks sind noch vollständig erhalten und könnten somit betriebsfähig aufgearbeitet werden, was für 110 488 auch geplant ist.

Eine weitere 110 von TRI ist die blaue 110 428. Sie passt mit diesem Anstrich recht gut zu den TRI-eigenen Reisezugwagen. Am 29. Februar 2024 passiert sie auf einer Lokführerschulungsfahrt Esslingen am Neckar. | *Foto: M. Dostal*

6

5 DIE E 10 UND DER »RHEINGOLD«

Der Name »Rheingold« hat eine lange Tradition auf den Gleisen der deutschen Eisenbahnen. Ursprünglich stammt der Name aus der Welt der Oper

Ein klassisches Motiv für Aufnahmen von den »Rheinpfeil«-Loks ist die Halle des Hauptbahnhofs in München. Hier wartet die E 10 1312 im September 1965 auf Ausfahrt. | *Foto: H. Tritter*

Am 22. September 1869 erlebte die Oper »Das Rheingold« von Richard Wagner (1813–1883) ihre Uraufführung. Sie ist der sogenannte Vorabend der Operntetralogie »Der Ring des Nibelungen«, die der Komponist zwischen 1848 und 1874 komponierte. Die Geschichte des Rheingolds beginnt mit dem Raub des von den Rheintöchtern nur unzureichend bewachten Edelmetalls durch Alberich, womit der vierteilige Opernzyklus seinen Anfang und das Verhängnis seinen Lauf nimmt. Erst am Ende der »Götterdämmerung«, dem dritten Tag, gelangt das Rheingold wieder in die Obhut der Rheintöchter. Dazwischen liegen rund 18 Stunden nicht immer leicht verständliches Musiktheater, das den Zuschauern volle Konzentration und den ausführenden Künstlern höchsten Einsatz abverlangt.

Es überrascht somit nicht, dass dieser anspruchsvolle Stoff auch die Fantasie der Eisenbahner anregte, als sie nach dem Namen für einen Luxuszug suchten.

Bereits ab den 1920er-Jahren gab es einen Luxuszug namens »Rheingold« Hier ist er mit der 18 524 als FD 101 am Abzweig Berliner Straße bei Köln-Mülheim zu sehen. | *Foto: DLA Darmstadt/C. Bellingrodt (Eisenbahnstiftung)*

5.1 Der erste »Rheingold-Express«

Kurze Zeit nachdem Wagners Oper »Das Rheingold« uraufgeführt worden war, begann in Europa die große Zeit der Luxuszüge. Der bekannteste unter ihnen war der 1883 eingeführte »Orient-Express«, der Paris mit Konstantinopel (später Istanbul) verband. Aber auch andere europäische Hauptstädte rückten durch solche Luxuszüge näher zusammen. Die Züge wurden von der »Compagnie Internationale des Wagons-Lits« (CIWL) betrieben, der Internationalen Schlafwagen-Gesellschaft (ISG). Sie führten nur die erste Wagenklasse und bestanden aus sehr hochwertig ausgestatteten Salon-, Schlaf- und Speisewagen. Meist waren den Zügen noch Gepäckwagen beigestellt.

1916 wurde die Mitteleuropäische Schlaf- und Speisewagen Aktiengesellschaft (MITROPA) gegründet. Sie stellte zunächst die Wagen für den »Berlin-London-Express« (1924–1926) und den »Skandinavien-Schweiz-Express (1924–1925)«.

Am 15. Mai 1928 stellte die Deutsche Reichsbahn-Gesellschaft (DRG) mit dem FD/FFD 101/102 »Rheingold-Express« ihren ersten eigenen Luxuszug in Dienst. Für die Verbindung (London)–Hoek v. Holland–Köln–Karlsruhe–Basel und im Sommer weiter nach Luzern beschaffte die Reichsbahn völlig neues Wagenmaterial, das die vorhandenen Fahrzeuge in Sachen Komfort, Ausstattung und Laufruhe bei weitem übertraf. Von außen waren die Wagen an ihrem zweifarbigen, violett/cremefarbenen Anstrich und an den goldenen Lettern »RHEINGOLD« zu erkennen. Die Züge bestanden in der Regel aus zwei Sitzwagen 1. Klasse. Einer davon hatte eine Küche, aus der die Gäste in diesem und im angrenzenden Wagen am

Das F-Zug-Netz der Deutschen Bundesbahn ging zum Sommerfahrplan 1951 in Betrieb. Darin war der F9/F10 »Rheingold« enthalten, der durch seine blau lackierten Wagen mit der Aufschrift »Deutsche Bundesbahn« auffiel. 03 1016 fährt im Jahr 1955 mit dem F 10 »Rheingold« nach Basel durch Boppard. | *Foto: C. Bellingrodt (Eisenbahnstiftung)*

Platz bedient wurden. Ein ähnliches Wagenpaar, ebenfalls mit einer Küche, gab es für die 2. Klasse. Die vier Wagen wurden meist um einen oder zwei komplett violett lackierte Packwagen ergänzt. Es gab aber auch Züge mit mehr oder weniger Sitzwagen. Zugloks waren unter anderem Dampfloks der Baureihen 18^3 (bad. IV h), 18^{4-5} (bay. S 3/6) oder die 01.

Mit dem Beginn des Zweiten Weltkriegs wurde der »Rheingold« eingestellt und die Wagen für andere, meist militärische Zwecke eingesetzt. Dazu bekamen sie einen möglichst unauffälligen grünen Anstrich.

5.2 Der zweite »Rheingold«

Ab Dezember 1946 setzte die Reichsbahn wieder durchgehende Züge auf der Strecke von Hoek van Holland nach Basel ein. Während die ersten Nachkriegsverbindungen aus unterschiedlichen Loks und Wagen bunt zusammengewürfelt waren, bestanden die Züge ab Anfang der 1950er-Jahre aus aufgearbeiteten Schürzenwagen, die durch ihre blaue Lackierung und den Schriftzug »Deutsche Bundesbahn« auffielen. Die dreiklassigen Züge wurden ab 1951 als F193/164

»Rheingold-Express« – auch »Rheingold-Expreß« oder »Rheingoldexpreß« – bezeichnet. Dazu gab es als Flügelzug zwischen Köln und Amsterdam den F263/264. Mit dem F 9/10 »Rhein-Pfeil« richtete die Bundesbahn 1952 auf derselben Strecke eine Verbindung ein, die nur die 1. und 2. Wagenklasse anbot. Ein Jahr später wurde dieses Zugpaar in »Rheingold-Express« umbenannt, der dreiklassige Zug wurde in »Loreley-Express« umbenannt. Ab Mai 1954 wurde zwischen Dortmund und München mit dem F 21/22 wieder ein »Rheinpfeil» (nun ohne Bindestrich) eingerichtet.

Im Rahmen der Klassenreform wurde der »Rheingold« im Juni 1956 zum reinen 1.-Klasse-Zug aufgewertet und aus 26,4 m langen, ebenfalls blauen Neubauwagen gebildet. Ab dem Sommer 1958 wurden die Züge mit Loks der Baureihe E 10 des Bw Heidelberg bespannt, die sie zunächst von Mannheim nach Basel und wieder zurückbrachten. Wenig später konnte die Strecke bis Köln elektrisch befahren werden. Im Sommer 1961 bespannten Stuttgarter E 10 den Zug. Den Gegenzug F 10 beförderten weiterhin Heidelberger E 10.

Hier nun der dritte »Rheingold«: Die E 10 1241 vom Bw Heidelberg fährt am 16. Juni 1962 mit dem neu eingeführten F 9 »Rheingold« in Mannheim Hbf ein. Hinter der modernen Lok laufen natürlich nun auch moderne, sogar klimatisierte Wagen. | *Foto: H. Röth (Eisenbahnstiftung)*

Die E 10 1240 fährt mit dem F 9 »Rheingold« F 9 (Basel–Hoek van Holland/Amsterdam) in Worms ein. Im Zug laufen am 17. Juni 1962 behelfsmäßig ein blauer 1.-Klasse- und ein roter Vorkriegs-Speisewagen mit.
| *Foto: H. Röth (Eisenbahnstiftung)*

5.3 Der dritte »Rheingold«

Neue Maßstäbe prägten wenige Jahre später den hochwertigen Fernverkehr. Für die Strecke Amsterdam bzw. Hoek van Holland–Arnheim–Duisburg–Köln–Mannheim–Basel (SBB)–Bern–Lausanne stellte die Deutsche Bundesbahn im Mai 1962 einen weiteren »Rheingold« vor, der komplett aus neu gebauten Wagen gebildet wurde. Als Zugloks dienten die modifizierten E 10 1239 bis E 10 1244. Deren Getriebe waren dahingehend geändert worden, dass die nun als E 10^{12} bezeichneten Loks eine Höchstgeschwindigkeit von 160 km/h fahren konnten. Dabei lief E 10 1244 schon auf die für die »echte« E 10^{12} vorgesehenen Drehgestellen von Henschel. Noch im Oktober 1962 wurden die für den »Rheingold« neu gebauten E 10 1265 bis E 10 1270 in Betrieb genommen und die »Kasten«-E 10 wieder in den Normalzustand zurückgebaut, blau lackiert und in E 10 239 bis E 10 244

umgezeichnet. Für den »Rheinpfeil«, der zwischen Dortmund und München fuhr und der ebenfalls auf das neue Wagenmaterial umgestellt werden sollte, folgten 1964 E 10 1308 bis E 10 1312.

Die E 10^{12} unterschieden sich durch ihre schnittigere Form, durchgehende Lüfterbänder und durch Schürzen unter den Puffern ihren den Vorgängern. Weil auch hier bis zur Einführung des Zugs die E 10^{12} wegen der kurzen Entwicklungszeit und zu hoher Kosten nicht fertiggestellt werden konnten, wurden die Loks E 10 250 bis 254 aus der laufenden Serie herausgenommen und für 160 km/h ertüchtigt. Die Loks bekamen ebenfalls den zweifarbigen Anstrich, die Loknummern wurden diesmal jedoch nicht geändert. Nach der Anlieferung der E 10^{12} wurde E 10 250 bis E 10 254 im Herbst und Winter 1963/64 wieder umlackiert und zurückgebaut.

Bei Mainz-Weisenau haben die Fahrgäste des TEE 10 »Rheingold« abermals einen schönen Blick auf den Rhein. Im Mai 1962 ist die E 10 1244 des Bw Heidelberg hier unterwegs. Im Hintergrund führt die Brücke der Strecke nach Frankfurt/Main über den Rhein. | *Foto: O. Bär/W. Mittag (Eisenbahnstiftung)*

Basel SBB ist Startpunkt des F 9 »Rheingold« nach Amsterdam. Im Jahr 1963 steht dort die »richtige« »Rheingold«-Lok E 10 1268 zur Abfahrt bereit. | *Foto:J. Claus (Eisenbahnstiftung)*

Die E 10 1269 vom Bw Heidelberg fährt am 6. Oktober 1963 mit F 10 »Rheingold« durch den Bahnhof von Offenburg.
| *Foto: J. Claus (Eisenbahnstiftung)*

Einfahrt des »Rheinpfeil« in Würzburg Hbf im Jahre 1965. Zuglok ist die E 10 1311. Lok und Wagen sind noch durchgängig blau/cremefarben lackiert. | *Foto: A. Lehnert (Slg. M. Treutler)*

Die Lokomotiven für den »Rheingold« wurden in Heidelberg beheimatet. Die E 10^{12} für den »Rheinpfeil« kamen nach Nürnberg. Ab Mai 1967 zog die Bahn die E 10^{12} in Heidelberg zusammen.
Außer der neuen Lokbaureihe beschaffte die Bundesbahn auch vier neue Wagentypen für die beiden Züge. Zusätzlich zu den von normalen Schnellzügen bekannten Abteilwagen mit Seitengang gab es nun erstmals Großraumwagen mit Mittelgang und drehbaren Sitzen im Fernverkehr.
Eine Besonderheit waren die fünf Aussichtswagen. Deren erhöhte, voll verglaste Aussichtskanzeln bot den Fahrgästen einen freien Blick auf die Landschaft. Die Speisewagen der Luxuszüge hatten einen doppelstöckigen Wirtschaftstrakt, der ihnen die Bezeichnung Buckelspeisewagen einbrachte. Ein Gepäckwagen war in den Zügen nicht mehr vorgesehen.

Von außen waren Loks und Wagen am eleganten, zweifarbigen Anstrich mit kobaltblauer Brüs-

Nachdem am 29. Juni 1964 der elektrische Betrieb auf der Strecke Köln–Wuppertal–Hagen–Dortmund aufgenommen worden war, folgte am 14. Mai 1965 die Ruhr-Sieg-Strecke. Die E 10 1270 hatte die Ehre, den Eröffnungszug des elektrischen Zugbetriebs zwischen Hagen und Gießen zu ziehen, der hier in Hagen Hbf einfährt. | *Foto: H. Dahlhaus (Eisenbahnstiftung)*

tung und cremefarbenem Fensterband zu erkennen. Außerdem waren unter der Aussichtskanzel die Schriftzüge »Rheingold« oder – beim »Rheinpfeil« – »Deutsche Bundesbahn« angebracht.

In den »Rheingold«, der zwischen Utrecht und Duisburg planmäßig zunächst mit fünf Wagen verkehrte, waren auch Kurswagen nach München eingestellt. In Duisburg wurden sie an den »Rheinpfeil« umrangiert, der von Dortmund nach München fuhr. Der »Rheingold« setzte seine Fahrt nach Basel mit sechs Wagen fort. Auf dem Rückweg wechselten die Wagen vom »Rheinpfeil« zum »Rheingold«. Weil die Strecke bis ins niederländische Arnhem noch nicht elektrifiziert war, übernahmen in Duisburg deutsche Dieselloks der Baureihe V 200 den

Der vierte und vorerst letzte planmäßige »Rheingold« war ab Ende Mai 1983 unterwegs. Allerdings fuhr er nun in den Sommermonaten auch als Flügelzug zwischen Mannheim und München entlang des Neckartals. Hier begegnet uns im Juli 1983 die 110 254 bei Eberbach-Lindach mit diesem Zug.
| *Foto: Th. Estler*

Zug. Ab Arnhem ging es dann mit niederländischen Elloks weiter. Im Schweizer Abschnitt wurde der »Rheingold« von Elloks der Reihe Re 4/4^{I} befördert. Dafür bekamen die grünen Maschinen ein TEE-Emblem an den Stirnseiten.

Als einer der wenigen TEE-Züge tauschte der TEE 9/10 »Rheingold« (Amsterdam–Genf) ab 1963 Kurswagen mit dem TEE 21/22 »Rheinpfeil« (Dortmund–München) aus. Das Umstellen der Wagen erfolgte im Duisburger Hauptbahnhof. E 10 1266 wird am 26. Februar 1968 gleich mit dem vereinigten F 10 aus Duisburg ausfahren.
| *Foto: K.-D. Hensel (Eisenbahnstiftung)*

5.4 »Rheingold« und »Rheinpfeil« als TEE

Ab Mai 1965 liefen die beiden Züge als »Trans-Europ-Express« (TEE). Weil für die TEE-Züge ein zweifarbiger Anstrich mit roter Brüstung vorgesehen war, wurden Loks und Wagen entsprechend umlackiert. Das cremefarbene Fensterband blieb erhalten. Im Gegensatz zu den niederländischen Eisenbahnen lackierten die Schweizer Eisenbahnen 1972 die für den Einsatz vor dem »Rheingold« und dem TEE Bavaria vorgesehenen Loks Re 4/4^{I} mit

| *Foto:*

Die 112 501 wurde für die Paraden zum 150. Jubiläum der Eisenbahn in Deutschland ausgewählt und aufgearbeitet. Im September 1985 fährt sie mit dem neuen »Rheingold« in Nürnberg-Langwasser an den Publikumstribünen vorbei. | *Foto: C.-J. Jacobson*

den Nummern 10033, 10034, 10046 und 10050 in den passenden Farben. Auf einem Stromabnehmer wurde ein breites Schleifstück für die deutsche Oberleitung montiert. So konnten die Loks z. B. bis Lindau durchlaufen.

Die TEE 22/21 »Rheinpfeil« und TEE 10/9 »Rheingold« bestanden nach wie vor aus mehreren Wagengruppen. Zwar brachte der »Rheingold« die meisten Wagen von Amsterdam bzw. Hoek van Holland nach Basel, Genf, Chur und Mailand. Die Kurswagen wechselten aber nach wie vor zum »Rheinpfeil« in Richtung München. Der aus München kommende »Rheinpfeil« übernahm in Duisburg die Wagengruppe des »Rheingold«, die nach Dortmund ging. Ab dem Sommer 1966 konnte die E 10^{12} bis zum Systemwechselbahnhof Emmerich durchlaufen. Die V 200 wurden aus dem Plan abgezogen.

Außer den TEE-Zügen bespannten die E 10^{12} in dieser Zeit auch hochwertige F- und D-Züge sowie als Füllleistungen Eil- und gar Nahverkehrszüge. Zu ihren Aufgaben gehörten beispielsweise die Beförderung des F 33/34 »Gambrinus«, des D 60/65 »Alpensee-Express« und des D 52 »Ostende-Wien-Express«.

In der Folgezeit weitete sich der Einsatz der E 10^{12} immer weiter aus und ab Ende 1967 gehörte die Bespannung des TEE 11/12 »Rembrandt«, des TEE 35/36 »Rhein-Main«, des TEE 77/78 »Helvetica«, des F 3/4 »Italia-Express« und des F37/38 »Hans Sachs« zu den Aufgaben der Maschinen.

Weil das Umsetzen der Kurswagen in Duisburg

sehr zweitaufwendig war, beschloss die Bundesbahn statt der Kurswagen von Genf und Mailand aus dem »Rheingold« einen eigenen TEE von Süden bis Dortmund vorauszuschicken. Ab Sommer 1969 übernahm der TEE »Roland« vom »Rheingold« die Wagen von bzw. nach Mailand. Damit weitere F- und TEE-Züge mit schnellen E 10^{12} bespannt werden konnten, kaufte die Bundesbahn 1968 noch einmal 20 Exemplare dieser Ausführung. Sie wurden bereits unter ihrer neuen Baureihennummer 112 mit den Ordnungsnummern 485 bis 504 abgeliefert. Zur gleichen Zeit wurden alle Maschinen der Baureihe 112 im Bw Frankfurt (Main) zusammengezogen. In den 1970er-Jahren lösten sechsachsige Schnellfahrloks der Baureihe 103 die Baureihe 112 vor dem Rheingold ab. Die Loks der Baureihe 112 kamen unverändert in den Schnellzugdienst.

Der Einsatz der Aussichtswagen und der doppelstöckigen Speisewagen endete im Mai 1976. Letztere waren aber schon seit Sommer 1972 nicht mehr planmäßig im »Rheingold« anzutreffen. Die Speisewagen wurden durch einstöckige Bauarten ersetzt. Die Aussichtswagen entfielen ganz, was den Zügen viel von ihrer Exklusivität nahm.

Der Sommerfahrplan 1979 brachte das Aus für den traditionellen »Rheingold« zwischen Hoek van Holland und der Schweiz. Nun fuhr der Zug nur noch zwischen Amsterdam und Genf. Im Sommer 1980 wurde die Verbindung südlich von Bern gestrichen und ab Mai 1982 wurde der Zug nur noch zwischen Amsterdam und Basel SBB eingesetzt.

5.5 Der vierte »Rheingold«

Rückläufige Fahrgastzahlen veranlassten die Deutsche Bundesbahn, den TEE »Rheingold« noch einmal aufzuwerten. Weil er als Beförderungsmittel für Geschäftsreisende nicht mehr gefragt war, setzte ihn die Bahn als Touristenattraktion ein. Ab Mai 1983 bekam der »Rheingold einen Flügelzug von Mannheim nach München, der als TEE 17/16 in den Kursbüchern stand. Allerdings fuhr dieser Zug diesmal von Mannheim nach Stuttgart durch das Neckartal. Von dort ging es weiter über Aalen und Donauwörth nach München. Zwischenhalte wurden nun auch in Heidelberg, Eberbach, Heilbronn, Schwäbisch Gmünd, Nördlingen und Augsburg eingelegt.

Der neue »Rheingold« brachte aber nicht den erhofften Erfolg und der nur in den Sommern 1983 und 1984 eingerichtete Flügelzug wurde bald wieder aufgegeben. Ab Juni 1985 richtete die Bundesbahn den ganzjährig verkehrenden TEE 17/16 zwischen Mainz und München ein. Er befuhr zwischen Heidelberg und Augsburg die direktere Strecke über Bruchsal und Ulm und wurde im Sommer bis Salzburg verlängert.

Zugloks für den Flügelzug waren ab Sommer 1984 die immer noch farblich passenden Loks der Baureihe 112. Zuvor waren Maschinen der Baureihe 110 und 111 für die Beförderung des Zugs eingesetzt worden. Neben Abteil-, Großraum und Speisewagen wurde ein neuer Clubwagen in die Züge eingereiht, in dem unter anderem Fassbier an einem Kiosk ausgeschenkt wurde. Folkloregruppen sorgten für die Unterhaltung der Fahrgäste. Im Sommer war dieser Wagen dem Flügelzug nach München beigestellt, im Winter fuhr er nach Basel.

Von außen waren die drei Clubwagen an der Aufschrift »Club Rheingold« zu erkennen. Wie alle »Rheingold«-Wagen hatten sie einen orangefarbenen Trennstreifen zwischen dem roten und dem beigefarbenen Anstrich bekommen. Im Innenraum war eine kleine Küche eingerichtet. Die Gäste konnten es sich an 15 Tischen mit 34 gepolsterten Drehsesseln bequem machen. Vom Speisewagen wurde außerdem ein Am-Platz-Service für den ganzen Zug angeboten.

Nach der letzten planmäßigen Fahrt des »Rheingold« am 30. Mai 1987 verschwand nicht nur ein legendärer Zug von den Gleisen der Deutschen Bundesbahn, auch das TEE-System verlor mit ihm einen seiner letzten Vertreter und verschwand aus dem Bild der hochwertigen Reisezüge in Deutschland.

In den neuen »Rheingold« waren Clubwagen eingereiht, in denen die Fahrgäste in gemütlicher Runde zusammensitzen konnten. Die Wagen fallen durch ihre orangefarbenen Aufschriften und Absetzstreifen auf. (WGmh 854, Nummer 61 80 89-90 401-4, Göppingen, 14. September 2019) | *Foto: M. Dostal*

5.6 Der Museums-Rheingold

Unter dem Namen »TEE Rheingold« setzt das Verkehrsmuseum Nürnberg seit 2007 einen Zug im Charter- und Touristikverkehr ein, in den einige Originalwagen der Züge von 1962 eingereiht sind. Neben Abteil- und Großraumwagen führt der Zug auch wieder einen Aussichtswagen. Nachdem die DB AG diese Wagen abgestellt hatte, gelangten sie zu unterschiedlichen Reisebüros und schließlich nach Schweden. Vier Fahrzeuge konnten 2005 nach Deutschland zurückgeholt werden, einer davon befindet sich nun im DB-Zug. Nachdem der Zug bis vor kurzem des Öfteren noch von der TEE-farbigen E 10 1309 der TRI Train Rental GbR bespannt wurde, befördern ihn nun meist Loks der Baureihe 103 und die inzwischen ebenfalls TEE-farbige 101 001 des DB-Museums.

Der Freundeskreis Eisenbahn Köln (FEK) betreut außer einigen erhaltenen Wagen des »Rheingolds«

von 1928 auch Fahrzeuge aus dem Rheingold von 1962. So hat der Verein einen Aussichtswagen, den letzten erhaltenen Buckelspeisewagen und einige Sitzwagen in seinem Bestand. Die Wagen wurden wieder in der Farbvariante mit blauer Brüstung und cremefarbenem Fensterband gestrichen und werden in Sonderzügen in ganz Deutschland eingesetzt.

Seit 2006 kümmert sich der Lokomotiv-Club 103 e. V. in Wuppertal um die zuletzt in Stuttgart beheimatete 110 239, die ihm von der DB als Dauerleihgabe überlassen wurde. Weil diese Lok als Übergangs-E 10 mit der Nummer E 10 1239 vor dem »Rheingold« unterwegs war, kam den Vereinsmitgliedern der Gedanke, die Lok in diesem Aussehen wieder aufzubauen. Die zuletzt verkehrsrot lackierte Maschine bekam wieder ihr altes Aussehen mit alten Lüftern, geteilten Seitenfernstern, umlaufenden Regenrinnen und den alten Aufstiegen an den Stirnseiten. Die zweifarbige Lackierung, Gussschilder und zahlreiche weitere Details geben der Lok den letzten Schliff. Zum 50-jährigen Jubiläum des 1962er-Rheingold im Jahre 2012 war die Lok mit den passenden Wagen auf einigen Sonderfahrten zu bestaunen sein. Seither ist sie in unregelmäßigen Abständen mit den passenden Wagen in ganz Deutschland unterwegs.

Um die aus dem Jahr 1962 stammenden »Rheingold«-Wagen des Freundeskreis Eisenbahn Köln e.V. stilgerecht befördern zu können, hat der Lokomotivclub 103 e.V. die E 10 1239 in passendem Outfit aufgearbeitet. Am 3. Oktober 2008 zeigt sich die Lok mit zwei Wagen in Köln-Nippes. | *Foto: Dr. B. Domagalski*

AKE
E10 1309

Einen TEE der späten 1960er-Jahre spiegelt die E 10 1309 samt passenden Wagen wieder. Am 11. September 2016 ist sie bei Stuttgart-Obertürkeim in Richtung Ulm unterwegs.
| *Foto: M. Dostal*

6 DIE VERSUCHSLOKOMOTIVEN

Bei der Entwicklung der Baureihe E 03 waren Mess- und Erprobungsfahrten für neue Bauteile bis zu einer Höchstgeschwindigkeit von 200 km/h nötig. An diesen Fahrten Mitte der 1960er-Jahre nahmen die E 10 299, E 10 300 und die E 10 1270 teil.

An den Messfahrten zur Entwicklung der Baureihe E 03 waren neben den E 10 299 und E 10 300 auch andere Maschinen beteiligt. So sind die V 320 001 und die E 10 1270 im August 1963 gemeinsam mit einem Messwagen zwischen Bamberg und Nürnberg unterwegs. | *Foto: C. Bellingrodt (Slg. Dr. D. Hörnemann)*

Bei den Schnellfahrversuchen zwischen Nürnberg und Bamberg gelang auch diese Aufnahme am Waldeinschnitt bei Strullendorf. Diesmal führt die E 10 1270 den Messzug. | *Foto: C. Bellingrodt (Archiv transpress)*

Schon beim Start der 160 km/h schnellen F-Züge »Rheingold« und »Rheinpfeil« mit den neuen Loks der Baureihe E 10^{12} plante die Deutsche Bundesbahn, die Geschwindigkeit für das F-Zug-Netz später auf 200 km/h anzuheben. Nun kam die bei der Entwicklung der elektrischen Einheitslokomotiven verworfene Baureihe E 01 wieder auf den Tisch. Allerdings war sie nur für eine Höchstgeschwindigkeit von 180 km/h vorgesehen gewesen und noch nicht in die konkrete Konstruktionsphase gelangt. Deshalb mussten die Überlegungen ganz vorn beginnen. Die Hauptverwaltung der Bundesbahn (HVB) und das Bundesbahn Zentralamt (BZA) betrauten deshalb im März 1961 die deutsche Lokomotivbau- und Elektroindustrie mit der Entwicklung und dem Bau einer als Baureihe E 03 bezeichneten Schnellfahrlokomotive, die in der Lage sein sollte, einen 400 Tonnen schweren Schnellzug in der Ebene mit 200 km/h zu befördern. Das entspricht einem voll besetzten Zug mit sieben bis acht modernen Schnellzugwagen. Bei einer Anhängelast von 300 Tonnen sollten die 200 km/h auch noch in einer Steigung von 5 Promille erreicht werden.
In der Anfangsphase konnten nur wenige Streckenabschnitte für 160 bzw. 200 km/h ausgebaut werden, sodass man im Betrieb von häufigem Bremsen und Beschleunigen ausging. Deshalb wurde eine Leistung von mindesten 5.000 kW gefordert, damit die Züge innerhalb von 160 Sekunden auf ihre Endgeschwindigkeit beschleunigt werden konnten.

Für die Entwicklung der Schnellfahrbaureihe E 03 bekamen die E 10 299 und E 10 300 Versuchsdrehgestelle mit denen eine Höchstgeschwindigkeit von 200 km/h erreicht werden konnte. Nach Abschluss der Versuche wurde die E 10 299 noch 1964 wieder in den Serienzustand zurückgebaut, während die E 10 300 noch mehrere Jahre ihre Schnellfahrdrehgestelle behielt. | *Foto: Engels (Eisenbahnstiftung)*

Um die hohen Traktionsleistungen sicher auf das Gleis zu bringen und die zulässigen Radsatzlasten der Strecken nicht zu überschreiten, entschied man sich für eine sechsachsige Lokomotive mit einer Achslast von nur 18 Tonnen, obwohl zweiachsige Drehgestelle für hohe Geschwindigkeiten lauftechnisch besser geeignet sind.

Um die Entwicklungsarbeit im überschaubaren Rahmen zu halten, wurden bereits im Vorfeld theoretische Überlegungen angestellt und bekannte Fakten auf deren Tauglichkeit im Hochgeschwindigkeitsbereich überprüft.

Einer der wichtigsten Punkte bestand darin, die dynamischen Beanspruchungen des Oberbaus so gering wie möglich zu halten. Deshalb wurden die Fahrmotoren in den Drehgestellen untergebracht. Weil die Treibradsätze bei dieser Konstruktion federnd in den Drehgestellen gelagert sind, mussten flexible Verbindungselemente entwickelt werden, die die Relativbewegungen zwischen Motoren und Radsätzen ausgleichen. Dies ist mit Antriebselementen möglich, bei denen die Bewegungen durch federnde Elemente aufgenommen werden (Federtopfantrieb der Baureihen 104, 117, 118, 119) oder mit Antriebselementen,

Die Versuchsdrehgestelle von E 10 299 und E 10 300 basierten auf den Henschel-Drehgestellen der »Rheingold«-Loks. Mit ihnen wurden neue Konzepte bei der Radsatzführung und der Drehmomentübertragung (Verzweigerantrieb versus Gummiring-Kardanantrieb) erarbeitet. | *Foto: R. Palm (Eisenbahnstiftung)*

bei denen die Bewegungen durch Lenkersysteme aufgenommen werden oder kardanwellenähnlichen Antriebssystemen.

Die Lokomotivfabriken Henschel, Krupp und Krauss-Maffei lieferten Entwürfe für den mechanischen Teil. Für den elektrischen Teil reichten Brown, Boveri & Cie (BBC), die Siemens-Schuckert-Werke (SSW) und die Allgemeine Elektricitäts-Gesellschaft (AEG) ihre Vorschläge ein. Im Oktober 1961 nahm der »Fachausschuss für elektrische Triebfahrzeuge« die Entwürfe in Augenschein und verglich die unterschiedlichen Komponenten und deren Ausführung. Um möglichst schnell einzelne Bauteile konkret ausführen und testen zu können, ließ die Deutsche Bundesbahn die E 10 299 und E 10 300 als Erprobungsträger für Geschwindigkeiten bis zu 200 km/h vorbereiten.

Weil die beiden Loks aber nicht schnell genug zur Verfügung standen, musste für kurze Zeit die E 10 1270 einspringen. Sie erreichte bei diesen Testfahrten eine Höchstgeschwindigkeit von 180 km/h. Ende September 1963 war dann die E 10 299 startklar für die hohen Geschwindigkeiten und ab November 1963 folgte die E 10 300.

Als Teststrecke wurde der kurvenarme Streckenabschnitt zwischen Bamberg und Forchheim ausgewählt. Neben dem Erproben der Komponenten standen auch Messungen am Oberbau und an der Oberleitung auf dem Programm, um deren Verhalten bei solch hohen Geschwindigkeiten zu untersuchen. Die Entwicklung eines Datenübertragungssystems erlaubte dem Lokführer, sich jederzeit über die zu erwartenden Signale zu informieren. So konnten die Abstände zwischen Vor- und Hauptsignalen trotz

Im Sommer 1963 nahm die E 10 1270 an den Versuchsfahrten zwischen Bamberg und Forchheim teil.
| *Foto: K. Müller (Eisenbahnstiftung)*

der hohen Geschwindigkeiten bei 1.000 m belassen werden, weil der Lokführer schon vor dem Sichtkontakt auf das Signal reagieren konnte.
Bei den Testfahrten erreichte E 10 299 am 28. Oktober 1963 als erste Lokomotive der Deutschen Bundesbahn die Höchstgeschwindigkeit von 200 km/h. E 10 300 folgte am 22. November 1963.

Besonderes Augenmerk legten die Entwickler auf das Laufwerk, den Antrieb, die Abstützung des Lokkastens, die Drehgestelle und die Federung. Erste Untersuchungen in diese Richtung waren schon vor dem E 03-Programm an Lokomotiven der Baureihen E 10^{1} und E 10^{12} erfolgt. So war z. B. die E 10 244 lange Zeit mit den sogenannten »Henschel-Schnellfahrdrehgestellen« ausgestattet, bei denen sich der Brückenrahmen mittels Gleitplatten auf einen als Wiege bezeichneten Zwischenträger abstützt, der seinerseits über zwei parallel angeordnete Schraubenfedern mit dem Drehgestellrahmen verbunden ist. Auf eine seitliche Rückstelleinrichtung des mit Gummifedern ausgerüsteten Drehzapfenlagers wurde verzichtet.

Auch die E 10 108 verfügte über Schnellfahrdrehgestelle, allerdings von Krauss-Maffei. Hier dienten zwei vierteilige Gummifedern als Flexicoil-Abstützung des Rahmens. Sie übertrugen sowohl die vertikalen als auch die horizontalen Längs- und Querkräfte. Zweistufig einstellbare Hydraulikdämpfer verminderten Vertikalbewegungen. Horizontalbewegungen blieben ungedämpft. Drei Gummischeiben mit Stahlzwischenringen federten die Radsätze. Krupp montierte seine Schnellfahrdrehgestelle unter die E 10 170. Bei dieser Bauart waren die Radsätze ebenfalls mit Gummirollfedern ausgestattet. Flexicoil-Schraubenfedern mit einem Gummipuffer als Queranschlag stellten die Verbindung zwischen Brückenrahmen und Drehgestellen her. Hydraulikdämpfer verminderten Bewegungen in horizontaler und vertikaler Richtung.

Die Versuche ergaben, dass vertikal wirkende Dämpfer keinen positiven Einfluss auf das Laufverhalten haben. In ungünstigen Situationen leiten sie sogar zusätzliche Bewegungen an den Lokkasten weiter und beeinflussen das Fahrverhalten dadurch eher negativ. Während der Bau der von Krauss-Maffei und Krupp gelieferten Drehgestelle nicht weiterverfolgt wurde, kam die Bauart von Henschel unter den Lokomotiven E 10 1265–1270 und E 10 1308–1312 zum Einsatz.

Auch unter den E 10 299 und 300 kamen diese Drehgestelle zum Einsatz. Lager, Führung und Federung der Radsätze wurden dafür allerdings geändert,

Der Verzweigerantrieb

Beim Verzweigerantrieb ist der Fahrmotor fest auf einem Gehäuse im Drehgestell gelagert. Im Hohlwellenlagergehäuse, das am Fahrmotorgehäuse befestigt ist, befindet sich eine doppelt gelagerte Hohlwelle. Die Motorritzel auf beiden Seiten des Motors greifen über Mitnehmerbolzen in Großzahnräder ein, die an der Hohlwelle aufgeschweißt sind. Diese Großzahnräder übertragen ihr Drehmoment auf zwei Gelenkzapfen in den Ausschnitten der Treibradscheibe und über zwei Lenker auf den »tanzenden Ring«. Von hier geben zwei weitere Lenker das Antriebsmoment an zwei Stahlringe weiter, die über Gummielemente kraftschlüssig mit dem Radsatz verbunden sind. Die gelenkige Verbindung zwischen Groß- und Treibrad ist notwendig, um Federbewegungen auszugleichen. Sowohl der Verzweigerantrieb als auch der Gummiring-Federantrieb zeichnen sich durch Wartungs- und Verschleißarmut sowie ein günstiges Verhältnis zwischen Masse und Leistung aus.

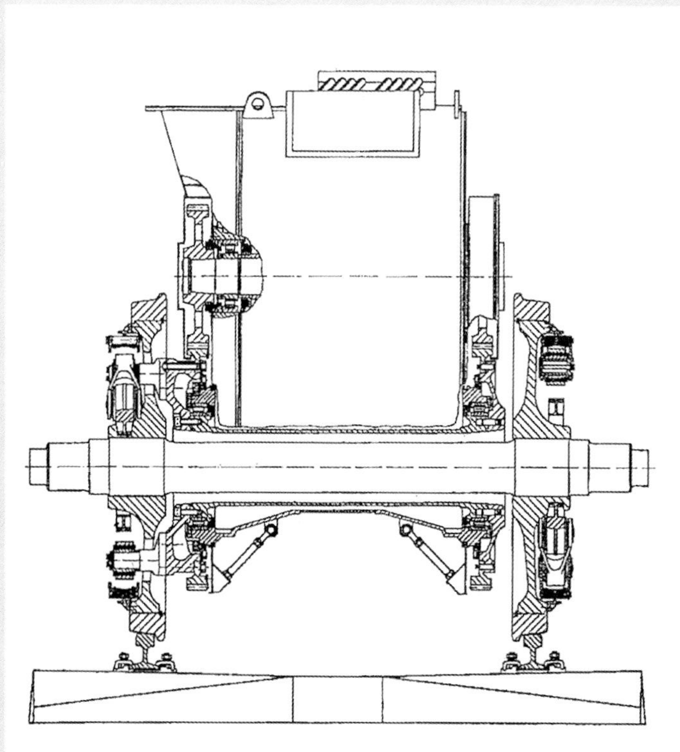

Am 7. August 1980 befindet sich die 110 300 im Bw Köln Bbf noch weitestgehend im Originalzustand. Zwar sind die Pufferverkleidungen noch vorhanden, aber der vordere Teil der Frontschürzen ist bereits abgebaut, während man die Seitenteile belassen hat.
| *Foto: P. Schiffer (Eisenbahnstiftung)*

während die Abstützung des Lokkastens unverändert übernommen wurde. Auch die Getriebeübersetzungen wurden modifiziert. Sie wurde von 1:1,915 bei den Serien-E 10^{12} auf 1:1,584 bei der E 10 299 und 1:1,571 bei der E 10 300 geändert.

Unter dem Lagergehäuse der E 10 299 waren Blatttragfedern angeordnet und das Federgehänge mit Gummipuffern ausgestattet. Die E 10 300 hingegen erhielt zwei Schraubenfedern mit Gummipuffern, parallele Hydraulikdämpfer und waagebalkenartige Ausgleichshebel.

Die hohen Geschwindigkeiten erforderten lemniskatengeführte Radsatzlenker. Zur besseren Lagerung wurden zudem Doppelzylinderrollenlager eingebaut. Bei diesen Lagern nehmen Außenborde an den Lagerschalen die Querkräfte auf. Verschiedene Radsatzlagerbauarten waren schon zuvor an den Lokomotiven E 10 105 (normale Pendelrollenlager), E 10 1265 und 1270 (C-Pendelrollenlager) sowie der E 10 108 (Doppelzylinderrollenlager) getestet worden. Temperaturmessungen an den Kugelrillenlagern der E 10 299 ergaben eine maximale Temperatur von nur 60 °C gegenüber den bei einer Außentemperatur von 27 °C zugelassenen 80 °C. Die Zylinderrollenlager der E 10 300 erreichten eine Temperatur von 69 °C. Diese Ergebnisse trugen zur Entscheidung bei, Kugelrillenlager für die Loks der Baureihe E 03 zu verwenden.

Zwei Antriebskonzepte standen zur Auswahl, mit denen sich die geforderte Antriebsleistung von den Fahrmotoren auf die Treibräder übertragen ließ. Die E 10 299 wurde mit dem von Henschel entwickelten Verzweigerantrieb ausgestattet. Die E 10 300 erhielt einen von SSW gebauten Gummiring-Kardanantrieb. Im Gegensatz zum Gummiring-Federantrieb sind

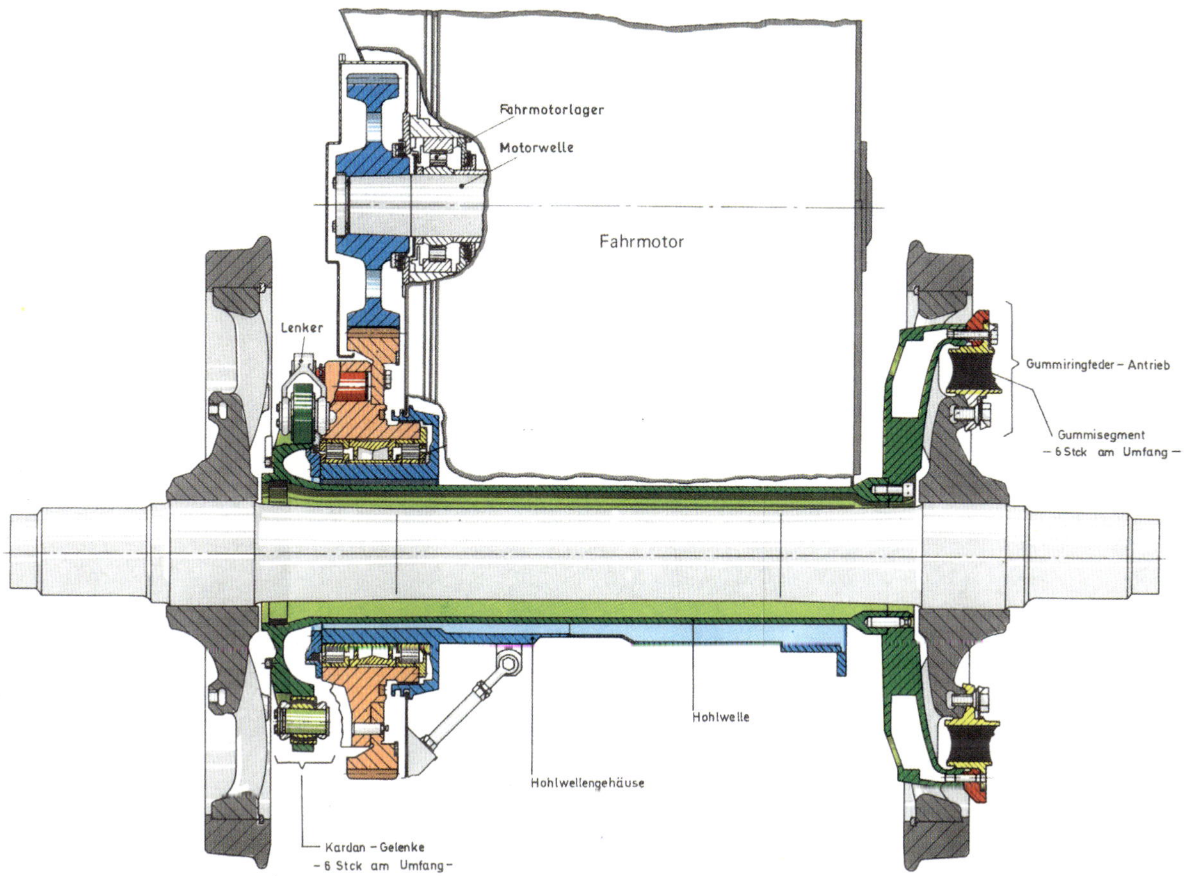

Der Gummiring-Kardanantrieb

Der Gummiring-Kardanantrieb hat nur auf einer Seite ein Motorritzel, das ebenfalls auf ein Großrad wirkt, welches mit Wälzlagern auf einem Hohlwellenstummel gelagert ist. Von dort wird das Drehmoment über Kardanwellen mit sechs Lenkern auf das Treibrad übertragen. Die Kardanwelle ist auf der Großradseite über Lenker verbunden, während auf der Treibradseite Gummiringfedersegmente eingebaut sind. Der Gummiring-Kardanantrieb ermöglicht höhere Fahrgeschwindigkeiten, weil beim Gummiring-Federantrieb durch die einseitige Aufhängung exzentrische Bewegungen und Kräfte auftreten, die nicht mehr beherrscht werden können.

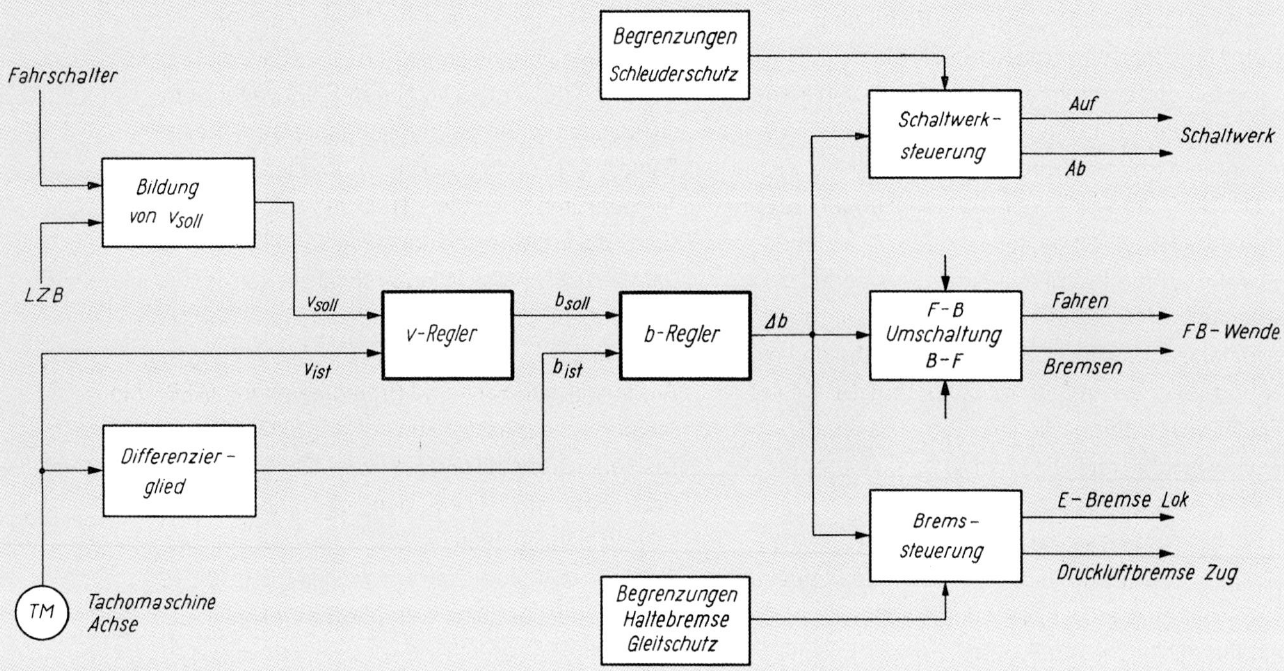

Automatische Fahr- und Bremssteuerung (AFB)

Die AFB hat die Aufgabe, die Lokomotive auf eine vom Triebfahrzeugführer vorgewählte Geschwindigkeit zu beschleunigen oder abzubremsen und diese Geschwindigkeit weiter zu halten. Der Triebfahrzeugführer gibt dazu über einen V_{soll}-Steller eine Geschwindigkeit vor und die AFB stellt dann die nötigen Zug- und Bremskräfte automatisch ein. Die AFB kann vom Fahrzeugführer jederzeit kurzzeitig oder ganz abgeschaltet werden. Sie soll den Fahrzeugführer besonders bei hohen Geschwindigkeiten entlasten und ihm so eine höhere Aufmerksamkeit auf die Strecke ermöglichen. Außerdem ermöglicht die AFB eine durchgehende Steuerung der Lokomotive durch die Linienzugbeeinflussung (LZB). Diese Einrichtung wurde zunächst in E 10 317 erprobt, ehe sie in die E 10 300 eingebaut wurde, damit sie ihre Tauglichkeit auch bei 200 km/h unter Beweis stellen konnte.

beim Gummiring-Kardanantrieb die Fahrmotoren direkt ins Drehgestell eingebaut. So werden die ungefederten Massen klein gehalten und die starken Erschütterungen bei hohen Geschwindigkeiten gedämpft sowie die Bewegungen zwischen Radsatz und Fahrmotor ausgeglichen.

Die Tests ergaben eine gewisse Überlegenheit des Gummiring-Kardanantriebs der E 10 300 gegenüber dem Verzweigerantrieb der E 10 299, dessen konstruktiv bedingte Unwuchten die Zugkraft bei hohen Geschwindigkeiten ungünstig beeinflusste. Ein weiterer Vorteil des Gummiring-Kardanantriebs ist das um rund 500 kg geringere Gewicht dieses Antriebs.

Abschließend konnte sich jedoch keines der Antriebskonzepte endgültig durchsetzen, sodass für die Prototyp-Lokomotiven der Baureihe E 03 beide Antriebsarten vorgesehen wurden.

Die Schnellfahrdrehgestelle der E 10 300 kamen im November 1971 unter die 110 466.
Sie diente damit als Erprobungsträger für die Baureihe 111. Nach dem Ende der Untersuchungen bekam sie wieder Regeldrehgestelle.

Große Aufmerksamkeit wurde auch dem Verhalten des Stromabnehmers bei hohen Fahrgeschwindigkeiten zuteil. Zunächst waren beide Loks mit normalen Scherenstromabnehmern der Bauart DBS 54 ausgestattet, die ihre Betriebssicherheit bei Geschwindigkeiten bis 160 km/h bereits genügend unter Beweis gestellt hatten.

Bei höheren Geschwindigkeiten konnte die Pendelwippe jedoch Unregelmäßigkeiten der Fahrleitung nicht mehr ausgleichen, weil der Staudruck und die Reibung der Wippe am Fahrdraht zu stark anstiegen. Auch die Schere des Stromabnehmers konnte die Fahrdrahtunregelmäßigkeiten nicht verarbeiten, sodass es zum Abheben des Stromabnehmers und zur Funkenbildung kam.

Für die Stromabnehmerversuche wurde die E 10 1270 mit einem speziellen Messwagen gekuppelt und für eine Höchstgeschwindigkeit von 180 km/h zugelassen. Zunächst behielt man die Bauart DBS 54 bei und stattete sie mit Versuchswippen verschiedener Hersteller aus. Später wurden auch komplette Neukonstruktionen getestet. Insgesamt wurden zwölf unterschiedliche Stromabnehmer-Bauformen unter die Lupe genommen.

Letztendlich kristallisierten sich zwei Bauarten heraus, mit denen weitere Untersuchungen auf den E 10 299 und E 10 300 durchgeführt wurden. Zum einen handelte es sich um den altbewährten Scherenstromabnehmer DBS 54, allerdings mit einer neuen Wippe der Bauart »Wanisch«. Diese Wippe stammte von den Wanisch und Wiener Starkstromwerken (WSW) und ist auf österreichischen Elloks weit verbreitet. Als zweite Bauart konstruierte WSW einen neuen Einholmstromabnehmer, den späteren SBS 65. Die Ergebnisse der Messungen ergaben keinen eindeutigen Vorsprung einer Bauart, deshalb wurde beide auf den Vorserien-E 03 weiter untersucht. Um die Temperaturbeständigkeit der einzelnen Bauteile untersuchen zu können, wurden Fahrten bei Temperaturen zwischen – 11 °C und + 30 °C durchgeführt. Zusätzlich stand zeitweise die Klimakammer der Versuchsanstalt Wien-Arsenal zur Verfügung.

Bei den Fahr- und Bremssteuerungen überzeugte die in der E 10 300 eingebaute Ausführung der Automatischen Fahr- und Bremssteuerung (AFB). Sie wurde in angepasster Form in der E 03 verwendet. Die Versuchseinsätze der beiden E 10 trugen in großem Umfang zur Entwicklung der Baureihe E 03 bei.

Nachdem ab 1965 die Vorserien-Loks der Baureihe E 03 zur Verfügung standen, wurde die E 10 299 in die Serienausführung zurückgebaut und in den normalen Umläufen der Baureihe E 10 eingesetzt. Die E 10 300 behielt ihre Sonderausstattung, wurde aber ebenfalls im normalen Plandienst eingesetzt. Sie diente gleichzeitig als Ersatzlok für eine ausgefallene E 03.

Die 110 299 quittierte ihren Dienst Anfang März 2004 in Braunschweig. Die 110 300 wurde im April 2011 in Trier von der Ausbesserung zurückgestellt, war aber noch in den Bestandslisten der DB AG zu finden. Sie wurde an den »Verein Baureihe E 10 e. V.« in Köln ausgeliehen, der sich die museale Erhaltung dieser besonderen Lokomotive vorgenommen hat. Seit 2015 zeigt sich die nur rollfähige Lok in ihrem beige/ozeanblauen Farbkleid. Damit hat die Maschine mehr Glück als ihre Schwester 110 299, die im Januar 2006 bei der Bender in Opladen verschrottet wurde.

7 STATISTIK

Die Signalbrücken bei Stuttgart-Sommerrain bilden ein lohnendes Fotomotiv. Am 14. Januar 2010 passiert die 110 483 mit einem RegionalExpress die Szene in Richtung Stuttgart Hbf.
| *Foto: M. Dostal*

Nummer	Hersteller	Abnahme	erstes Bw	letztes Bw	Datum	Verbleib
110 001-5	KM 17785/AEG	17.01.1953	München Hbf	Nürnberg	+ 26.06.1975	
110 002-3	Krupp 2527/BBC	29.04.1953	München Hbf	Nürnberg	+ 27.10.1977	DB Museum, Koblenz
110 003-1	Hen 28465/SSW	10.12.1952	Nürnberg Hbf	Nürnberg	+ 28.10.1976	
110 004-9	Hen 28466/AEG	20.09.1953	München Hbf	Nürnberg	+ 27.01.1977	
110 005-7	Hen 28467/AEG	12.06.1953	München Hbf	Nürnberg	+ 30.08.1979	DB Museum, Koblenz
110 101-3	KM 18221/SSW	10.04.1957	Offenburg	Frankfurt/Main 1	+ 13.10.2000	
110 102-1	KM 18222/SSW	04.02.1957	Offenburg	Frankfurt/Main 1	+ 30.08.2000	
110 103-9	KM 18824/SSW	09.02.1957	Offenburg	Frankfurt/Main 1	+ 31.12.2001	
110 104-7	KM 18227/SSW	16.02.1957	Offenburg	Frankfurt/Main 1	+ 25.10.1988	
110 105-4	KM 18228/SSW	27.02.1957	Heidelberg	Braunschweig	+ 19.09.2003	
110 106-2	KM 18230/SSW	25.04.1957	Heidelberg	Berlin-Rummelsburg	+ 07.01.2008	
110 107-0	KM 18231/SSW	23.04.1957	Offenburg	Braunschweig	+ 15.01.2003	
110 108-8	KM 18232/SSW	27.07.1957	Offenburg	Frankfurt/Main 1	+ 15.11.2000	
110 109-6	KM 18233/SSW	30.07.1957	Offenburg	Frankfurt/Main 1	+ 15.06.2001	
110 110-4	KM 18236/SSW	25.09.1957	Heidelberg	Frankfurt/Main 1	+ 01.08.2001	
110 111-2	Krupp 3506/SSW	10.12.1957	Offenburg	München Hbf	+ 14.02.2002	
110 112-0	Krupp 3507/SSW	08.11.1957	Heidelberg	München Hbf	+ 23.04.2004	
110 113-8	Krupp 3508/SSW	11.11.1957	Heidelberg	Braunschweig	+ 15.01.2002	
110 114-6	Krupp 3509/SSW	21.11.1957	Heidelberg		U 11.12.2005	115 114-1
110 115-3	Krupp 3510/SSW	04.12.1957	Heidelberg	Dortmund Bbf	+ 10.10.2007	
110 116-1	Krupp 3511/SSW	07.01.1958	Heidelberg		U 10.12.2005	115 116-6
110 117-9	Krupp 3512/SSW	15.01.1958	Heidelberg	Köln-Deutzerfeld	+ 15.11.2000	
110 118-7	Krupp 3513/SSW	07.03.1958	Heidelberg	Köln-Deutzerfeld	+ 22.10.2004	
110 119-5	Krupp 3514/SSW	24.04.1958	Heidelberg	Köln-Deutzerfeld	+ 31.12.2002	
110 120-3	Krupp 3515/SSW	30.04.1958	Heidelberg	Köln-Deutzerfeld	+ 17.02.2006	
110 121-1	Hen 29101/SSW	15.02.1958	Heidelberg	Köln-Deutzerfeld	+ 14.03.2002	DB Museum, Koblenz
110 122-9	Hen 29102/SSW	20.02.1958	Koblenz		U 14.03.1994	139 122-6
110 123-7	Hen 29103/SSW	01.04.1958	Koblenz	Köln-Deutzerfeld	+ 01.01.2001	
110 124-5	Hen 29104/SSW	21.04.1958	Heidelberg	Köln-Deutzerfeld	+ 03.05.2000	
110 125-2	Hen 29105/BBC	12.05.1958	Koblenz	Köln-Deutzerfeld	+ 30.08.2004	
110 126-0	Hen 29106/SSW	19.06.1958	Heidelberg	Köln-Deutzerfeld	+ 09.10.2001	
110 127-8	Hen 29107/BBC	25.07.1958	Koblenz	Köln-Deutzerfeld	+ 15.02.2002	
110 128-6	Hen 29108/SSW	17.08.1958	Koblenz	Köln-Deutzerfeld	+ 09.10.2001	
110 129-4	Hen 29109/SSW	10.09.1958	Koblenz	Köln-Deutzerfeld	+ 15.11.2000	
110 130-2	Hen 29110/SSW	07.10.1958	Koblenz	Köln-Deutzerfeld	+ 27.01.2004	
110 131-0	Hen 29111/SSW	21.10.1958	Koblenz	Köln-Deutzerfeld	+ 15.01.2002	
110 132-8	KM 18234/AEG	29.08.1957	Offenburg	Köln-Deutzerfeld	+ 31.12.2002	
110 133-6	KM 18372/AEG	18.10.1957	Offenburg	Köln-Deutzerfeld	+ 09.10.2001	
110 134-4	KM 18237/AEG	28.10.1957	Offenburg	Köln-Deutzerfeld	+ 17.09.2002	
110 135-1	KM 18238/AEG	07.12.1957	Frankfurt (Main) 1	Köln-Deutzerfeld	+ 17.09.2002	
110 136-9	KM 18239/AEG	07.12.1957	Frankfurt (Main) 1	Köln-Deutzerfeld	+ 30.03.2001	
110 137-7	KM 18240/AEG	08.01.1958	Frankfurt (Main) 1	Köln-Deutzerfeld	+ 30.03.2001	

Nummer	Hersteller	Abnahme	erstes Bw	letztes Bw	Datum	Verbleib
110 138-5	KM 18322/AEG	06.03.1958	Frankfurt (Main) 1	Kiel	+ 25.11.2004	
110 139-3	KM 18447/AEG	05.05.1958	Frankfurt (Main) 1		U 04.04.1995	139 139-0
110 140-1	KM 18452/AEG	02.04.1958	Stuttgart	Köln-Deutzerfeld	+ 12.06.2003	
110 141-9	KM 18445/AEG	17.04.1958	Frankfurt (Main) 1	Dortmund Bbf	+ 07.12.2005	
110 142-7	Hen 29122/BBC	16.03.1958	Koblenz	Köln-Deutzerfeld	+ 17.10.2008	
110 143-5	Hen 29113/BBC	17.04.1958	Koblenz	Köln-Deutzerfeld	+ 31.07.2001	
110 144-3	Hen 29114/BBC	21.04.1958	Koblenz	Köln-Deutzerfeld	+ 20.12.2005	
110 145-0	Hen 29115/BBC	21.05.1958	Koblenz		U 15.09.1993	139 145-7
110 146-8	Hen 29116/SSW	15.07.1958	Koblenz	Köln-Deutzerfeld	+ 12.06.2003	
110 147-6	Hen 29117/BBC	23.07.1958	Koblenz	Köln-Deutzerfeld	+ 01.01.2001	
110 148-4	Hen 29118/BBC	14.08.1958	Koblenz		U 01.05.2007	115 148-9
110 149-2	Hen 29119/BBC	10.09.1958	Koblenz	Köln-Deutzerfeld	+ 17.09.2002	
110 150-0	Hen 29120/BBC	14.10.1958	Koblenz	Köln-Deutzerfeld	+ 28.03.2001	
110 151-8	Hen 29121/BBC	10.11.1958	Koblenz	Köln-Deutzerfeld	+ 08.04.2002	
110 152-6	KM 18223/SSW	04.02.1957	Offenburg		U 31.12.2006	115 152-1
110 153-4	KM 18225/SSW	04.02.1957	Offenburg	Köln-Deutzerfeld	+ 04.02.2005	
110 154-2	KM 18226/SSW	20.02.1957	Offenburg		U 31.12.2005	115 154-2
110 155-9	KM 18229/SSW	09.03.1957	Offenburg	Köln-Deutzerfeld	+ 11.05.2001	
110 156-7	Krupp 3616/AEG	13.12.1957	Frankfurt/Main 1		U 01.07.2005	115 156-2
110 157-5	Krupp 3617/AEG	22.11.1957	Frankfurt/Main 1		U 27.12.1993	139 157-2
110 158-3	Krupp 3617/AEG	20.11.1957	Frankfurt/Main 1	Köln-Deutzerfeld	+ 18.04.2005	
110 159-1	Krupp 3619/AEG	30.11.1957	Frankfurt/Main 1		U 08.04.2006	115 159-6
110 160-9	Krupp 3620/AEG	26.11.1957	Frankfurt/Main 1	Dortmund Bbf	+ 07.03.2002	
110 161-7	Krupp 3621/AEG	11.12.1957	Frankfurt/Main 1	Köln-Deutzerfeld	+ 15.02.2000	
110 162-5	Krupp 3622/AEG	19.12.1957	Stuttgart	Köln-Deutzerfeld	+ 09.10.2001	
110 163-3	Krupp 3623/AEG	23.12.1957	Stuttgart	Frankfurt/Main 1	+ 30.11.1994	
110 164-1	Krupp 3624/AEG	30.01.1958	Stuttgart	Saarbrücken	+ 25.09.2001	
110 165-8	Krupp 3625/AEG	28.01.1958	Stuttgart	Stuttgart	+ 28.12.2001	
110 166-6	Krupp 3626/AEG	18.02.1958	Stuttgart		U 29.03.2009	115 166-1
110 167-4	Krupp 3627/AEG	22.03.1958	Stuttgart	Trier	+ 23.06.2004	
110 168-2	Krupp 3628/SSW	03.12.1957	Heidelberg	Trier	+ 07.07.2004	
110 169-0	Krupp 3629/SSW	17.12.1957	Heidelberg	Minden (Westfalen)	+ 02.05.2017	Leipziger Dampf KulTour (LDK
110 170-8	Krupp 3786/SSW	20.02.1958	Heidelberg	Trier	+ 30.06.2003	
110 171-6	Krupp 3787/SSW	21.04.1958	Heidelberg	Trier	+ 25.03.2003	
110 172-4	Krupp 3788/SSW	16.05.1958	Heidelberg		U 13.01.1995	139 172-1
110 173-2	Krupp 3789/SSW	06.06.1958	Heidelberg	München Hbf	+ 14.05.2005	
110 174-0	Krupp 3790/SSW	10.07.1958	Heidelberg	München Hbf	+ 16.04.2004	
110 175-7	Krupp 3791/SSW	29.07.1958	Heidelberg	München Hbf	+ 16.06.2009	
110 176-5	Krupp 3792/SSW	26.08.1958	Heidelberg	Stuttgart	+ 15.01.2001	
110 177-3	Krupp 3793/SSW	20.10.1958	Heidelberg		U 11.01.1995	139 177-0
110 178-1	Krupp 3794/SSW	12.12.1958	Heidelberg		U 10.12.2005	115 178-6
110 179-9	Krupp 3795/SSW	12.12.1958	Heidelberg	Stuttgart	+ 31.10.2001	
110 180-7	KM 18324/SSW	13.06.1958	Heidelberg	München Hbf	+ 13.05.2005	

Nummer	Hersteller	Abnahme	erstes Bw	letztes Bw	Datum	Verbleib
110 181-5	KM 18457/SSW	10.07.1958	Heidelberg	München Hbf	+ 12.05.2005	
110 182-3	KM 18459/SSW	01.08.1958	Heidelberg	München Hbf	+ 07.02.2006	
110 183-1	KM 18461/SSW	09.09.1958	Heidelberg	Köln-Deutzerfeld	+ 31.10.2001	
110 184-9	KM 18463/SSW	09.10.1958	Heidelberg	München Hbf	+ 14.12.2004	
110 185-6	KM 18321/AEG	06.05.1958	Stuttgart	Stuttgart	+ 30.11.2000	
110 186-4	KM 18449/AEG	24.03.1958	Stuttgart	München Hbf	+ 17.05.2005	
110 187-2	KM 18323/AEG	12.05.1958	Stuttgart	München Hbf	+ 08.02.2006	
110 188-0	KM 18451/AEG	30.05.1958	Stuttgart	München Hbf	+ 09.02.2006	
110 189-8	KM 18454/AEG	26.06.1958	Stuttgart	München Hbf	+ 04.02.2006	
110 190-6	KM 18456/AEG	30.06.1958	Stuttgart	München Hbf	+ 20.12.2004	
110 191-4	KM 18458/AEG	19.07.1958	Stuttgart	München Hbf	+ 16.06.2008	
110 192-2	KM 18460/AEG	30.08.1958	Stuttgart	München Hbf	+ 22.12.2004	
110 193-0	KM 18462/AEG	23.09.1958	Stuttgart	Stuttgart	+ 30.11.2000	
110 194-8	Krupp 3796/AEG	27.06.1958	Koblenz	Stuttgart	+ 15.01.2001	
110 195-5	Krupp 3797/AEG	09.08.1958	Stuttgart	München Hbf	+ 12.05.2005	
110 196-3	Krupp 3798/AEG	26.08.1958	Frankfurt/Main 1	Stuttgart	+ 15.02.2002	
110 197-1	Krupp 3799/AEG	07.10.1958	Frankfurt/Main 1	München Hbf	+ 03.02.2006	
110 198-9	Krupp 3800/AEG	05.11.1958	Frankfurt/Main 1		U 10.12.2005	115 198-4
110 199-7	KM 18444/BBC	14.04.1958	Heidelberg	Stuttgart	+ 31.12.2001	
110 200-3	KM 18446/BBC	24.04.1958	Heidelberg	Dortmund Bbf	+ 13.05.2011	
110 201-1	KM 18448/BBC	24.05.1958	Koblenz	Dortmund Bbf	+ 09.12.2005	
110 202-9	KM 18450/BBC	20.06.1958	Koblenz	Dortmund Bbf	+ 10.01.2007	
110 203-7	KM 18453/BBC	26.06.1958	Koblenz	Dortmund Bbf	+ 19.06.2007	
110 204-5	KM 18455/BBC	03.07.1958	Koblenz	Dortmund Bbf	+ 15.01.2001	
110 205-2	Hen 29701/BBC	03.06.1958	Koblenz		U 10.12.2005	115 205-7
110 206-0	Krupp 3838/SSW	21.12.1958	Koblenz	Dortmund Bbf	+ 13.04.2001	
110 207-8	Krupp 3939/SSW	16.01.1959	Koblenz	Dortmund Bbf	+ 17.08.2006	
110 208-6	KM 18474/SSW	04.11.1958	Koblenz	Dortmund Bbf	+ 18.02.2006	
110 209-4	KM 18476/SSW	28.11.1958	Koblenz		U 31.12.2008	115 209-9
110 210-2	KM 18479/SSW	31.12.1958	Koblenz	Dortmund Bbf	+ 01.02.2011	
110 211-0	KM 18475/AEG	13.11.1958	Frankfurt/Main 1		U 10.12.2005	115 211-5
110 212-8	KM 18477/AEG	08.12.1958	Frankfurt/Main 1	Dortmund Bbf	+ 15.02.2001	
110 213-6	KM 18478/AEG	15.12.1958	Frankfurt/Main 1		U 22.12.1994	139 213-3
110 214-4	KM 18480/AEG	26.01.1959	Frankfurt/Main 1		U 17.01.1995	139 214-1
110 215-1	KM 18481/AEG	27.01.1959	Frankfurt/Main 1	Dortmund Bbf	+ 15.02.2001	
110 216-9	KM 18657/SSW	29.06.1960	Stuttgart	Dortmund Bbf	+ 28.03.2008	
110 217-7	KM 18660/SSW	06.07.1960	Stuttgart	Stuttgart	+ 31.10.2001	
110 218-5	KM 18677/SSW	21.02.1961	Stuttgart	Stuttgart	+ 28.12.2001	
110 219-3	KM 18678/SSW	15.02.1961	Stuttgart	Stuttgart	+ 31.10.2001	
110 220-1	KM 18679/SSW,	24.02.1961	Heidelberg	Stuttgart	+ 15.06.2001	
110 221-9	KM 18680/SSW	06.04.1961	Heidelberg	Stuttgart	+ 30.04.2001	

Nummer	Hersteller	Abnahme	erstes Bw	letztes Bw	Datum	Verbleib
110 222-7	KM 18681/SSW	15.03.1961	Dortmund Bbf		U 23.02.1995	139 222-4
110 223-5	KM 18682/SSW	27.03.1961	Dortmund Bbf	München Hbf	+ 24.08.2011	DB Museum, Ersatzteilspender
110 224-3	KM 18683/SSW	30.03.1961	Dortmund Bbf		U 10.12.2005	115 224-8
110 225-0	KM 18684/SSW	17.04.1961	Dortmund Bbf	Trier	+ 21.07.2003	
110 226-8	KM 18685/SSW	24.04.1961	Köln-Deutzerfeld	Stuttgart	+ 28.12.2001	DB Museum
110 227-6	KM 18686/SSW	06.05.1961	Stuttgart	Stuttgart	+ 30.11.2000	
110 228-4	KM 18708/SSW	19.05.1961	Stuttgart	Stuttgart	+ 30.06.2003	DB Mus. (DBK Historische Bahn)
110 229-2	KM 18709/SSW	31.05.1961	Stuttgart	Müncheh Hbf	+ 20.02.2006	
110 230-0	KM 18710/SSW	14.06.1961	Stuttgart		U 10.12.2005	115 230-5
110 231-8	KM 18711/SSW	21.06.1961	Stuttgart	Dortmund Bbf	+ 20.01.2011	
110 232-6	KM 18712/SSW	26.06.1961	Stuttgart	Berlin-Rummelsburg		
110 233-4	KM 18735/SSW	11.09.1961	Stuttgart	München Hbf	+ 06.02.2006	
110 234-2	KM 18736/SSW	18.09.1961	Stuttgart	Stuttgart	+ 02.10.2004	
110 235-9	KM 18737/SSW	19.09.1961	Stuttgart	Stuttgart	+ 11.06.2004	
110 236-7	KM 18738/SSW	28.09.1961	Stuttgart	Dortmund Bbf	+ 03.06.2011	
110 237-5	KM 18739/SSW	28.09.1961	Stuttgart	Stuttgart	+ 20.12.2007	
110 238-3	KM 18740/SSW	10.10.1961	Stuttgart	Stuttgart	+ 10.02.2006	
110 239-1	KM 18741/SSW	22.02.1962	Heidelberg	Stuttgart	+ 05.07.2006	DB Mus. (Lokomotivclub 103)
110 240-9	KM 18732/SSW	16.02.1962	Heidelberg	Stuttgart	+ 20.07.2001	
110 241-7	KM 18757/SSW	15.03.1962	Heidelberg	Stuttgart	+ 30.11.2000	
110 242-5	KM 18758/SSW	04.02.1962	Heidelberg	Stuttgart	+ 16.06.2004	
110 243-3	KM 18759/SSW	25.04.1962	Heidelberg	Dortmund Bbf	+ 30.05.2011	
110 244-1	KM 18760/SSW	11.05.1962	Heidelberg	Dortmund Bbf	+ 17.07.2006	
110 245-8	KM 18761/SSW	11.05.1962	Dortmund Bbf	Dortmund Bbf	+ 18.10.2007	
110 246-6	KM 18762/SSW	28.05.1962	Köln-Deutzerfeld		U 01.12.1994	139 246-3
110 247-4	KM 18763/SSW	13.06.1962	Dortmund Bbf	Dortmund Bbf	+ 31.01.2001	
110 248-2	KM 18764/SSW	06.07.1962	Köln-Deutzerfeld	Saarbrücken	+ 25.09.2001	
110 249-0	KM 18765/SSW	14.08.1962	Köln-Deutzerfeld	Dortmund Bbf	+ 16.02.2006	
110 250-8	KM 18957/SSW	03.05.1963	Nürnberg Hbf		U 03.11.1994	139 250-5
110 251-6	KM 18958/SSW	16.05.1963	Nürnberg Hbf	Dortmund Bbf	+ 24.03.2005	
110 252-4	KM 18956/SSW	17.05.1963	Nürnberg Hbf	Dortmund Bbf	+ 21.06.2007	
110 253-2	KM 18960/SSW	20.05.1963	Nürnberg Hbf	Braunschweig	+ 28.03.2001	
110 254-0	KM 18961/SSW	08.06.1963	Nürnberg Hbf	Dortmund Bbf	+ 15.01.2001	
110 255-7	KM 18962/SSW	31.05.1963	Hannover		U 15.06.1993	139 255-4
110 256-5	KM 18963/SSW	08.06.1963	Hannover	Stuttgart	+ 11.02.2006	
110 257-3	KM 18964/SSW	26.06.1963	Hannover	Stuttgart	+ 04.10.2004	
110 258-1	KM 18965/SSW	27.06.1963	Hannover	Kiel	+ 22.11.2004	
110 259-9	KM 18966/SSW	02.07.1963	Hannover	Braunschweig	+ 15.12.2000	
110 260-7	KM 18967/SSW	05.07.1963	Hannover		U 04.05.1994	139 260-4
110 261-5	KM 18920/SSW	31.08.1962	Köln-Deutzerfeld		U 09.01.2008	115 261-0
110 262-3	KM 18921/SSW	13.09.1962	Dortmund Bbf		U 08.04.1994	139 262-0
110 263-1	KM 18922/SSW	19.09.1962	München Hbf	Braunschweig	+ 28.03.2001	

Nummer	Hersteller	Abnahme	erstes Bw	letztes Bw	Datum	Verbleib
110 264-9	KM 18923/SSW	19.10.1962	Heidelberg		U 16.03.1994	139 264-6
110 271-4	KM 18940/SSW	16.01.1963	Nürnberg Hbf	Trier	+05.07.2004	
110 272-2	KM 18941/SSW	22.01.1963	Frankfurt/Main 1	München Hbf	+ 18.06.2008	
110 273-0	KM 18942/SSW	15.01.1963	Frankfurt/Main 1	Trier	+05.07.2004	
110 274-8	KM 18943/SSW	11.02.1963	Frankfurt/Main 1	Stuttgart	+ 13.02.2006	
110 275-5	KM 18944/SSW	14.02.1963	Nürnberg Hbf	Stuttgart	+ 16.06.2004	
110 276-3	KM 18945/SSW	18.02.1963	Nürnberg Hbf	Dortmund Bbf	+ 05.04.2006	
110 277-1	KM 18946/SSW	27.02.1963	Nürnberg Hbf	Köln-Deutzerfeld	+ 30.03.2001	
110 278-9	KM 18947/SSW	01.03.1963	Nürnberg Hbf		U 31.12.2008	115 278-4
110 279-7	KM 18948/SSW	07.03.1963	Nürnberg Hbf	Köln-Deutzerfeld	+ 08.05.2003	
110 280-5	KM 18949/SSW	28.03.1963	Nürnberg Hbf	Dortmund Bbf	+ 29.10.2007	
110 281-3	KM 18950/SSW	20.03.1963	München Hbf	Stuttgart	+ 19.12.2006	DB Regio (Schienenverkehrsges. SVG)
110 282-1	KM 18951/SSW	27.03.1963	Dortmund Bbf	Stuttgart	+ 07.06.2004	
110 283-9	KM 18952/SSW	02.04.1963	Dortmund Bbf		U 21.06.1993	139 283-6
110 284-7	KM 18953/SSW	07.04.1963	Dortmund Bbf	Dortmund Bbf	+ 19.07.2011	
110 285-4	KM 18954/SSW	10.04.1963	Dortmund Bbf		U 10.06.1994	139 285-1
110 286-2	KM 18955/SSW	17.04.1963	Dortmund Bbf	Berlin-Rummelsburg	+ 23.07.2008	
110 287-0	KM 18956/SSW	24.04.1963	Dortmund Bbf		U 05.07.1994	139 287-7
110 288-8	KM 18766/SSW	23.04.1964	Nürnberg Hbf	Berlin-Rummelsburg	+ 07.01.2008	
110 289-6	KM 18767/SSW	27.04.1964	Nürnberg Hbf	Berlin-Rummelsburg	+ 07.01.2008	
110 290-4	KM 18768/SSW	09.04.1964	Frankfurt-Griesheim	Saarbrücken	+ 11.05.2001	
110 291-2	KM 18769/SSW	23.04.1964	Dortmund Bbf	Stuttgart	+ 14.02.2006	
110 292-0	KM 18770/SSW	11.05.1964	Stuttgart	München Hbf	+ 05.08.2010	Gesell. für Fahrzeugtechnik(GfF)
110 293-8	KM 18771/SSW	25.05.1964	Stuttgart		U 10.12.2005	115 293-3
110 294-6	KM 18772/SSW	12.06.1964	Heidelberg	Stuttgart	+ 15.01.2001	
110 295-3	KM 18773/SSW	24.06.1964	Dortmund Bbf	Trier	+ 24.01.2012	
110 296-1	KM 18774/SSW	10.07.1964	Frankfurt/Main 1	Braunschweig	+ 30.11.2000	
110 297-9	KM 18775/SSW	23.07.1964	Stuttgart	Trier	+ 07.07.2004	
110 298-7	KM 18776/SSW	20.08.1964	Nürnberg Hbf	Braunschweig	+ 30.11.2000	
110 299-5	KM 18970/SSW	26.09.1963	Nürnberg Hbf	Braunschweig	+ 03.01.2006	
110 300-1	KM 18971/SSW	19.11.1963	Nürnberg Hbf	Trier	+ 14.03.2011	DB Regio (Baureihe E10 e.V.)
110 301-9	KM 18968/SSW	06.08.1963	Hannover	Kiel	+ 23.11.2004	
110 302-7	KM 18969/SSW	07.08.1963	Hannover		U 10.12.2005	115 302-2
110 303-5	KM 18972/SSW	13.08.1963	Hannover	Braunschweig	+ 13.12.2004	
110 304-3	KM 18973/SSW	26.08.1963	Dortmund Bbf	Köln-Deutzerfeld	+ 15.01.2002	
110 305-0	KM 18974/SSW	30.08.1963	Dortmund Bbf	Köln-Deutzerfeld	+28.02.1998	
110 306-8	KM 18975/SSW	06.09.1963	Heidelberg	Stuttgart	+ 13.02.2006	
110 307-6	KM 18976/SSW	20.09.1963	Heidelberg		U 31.03.2006	115 307-1
110 313-4	KM 19018/SSW	20.11.1963	Köln-Deutzerfeld	Köln-Deutzerfeld	+ 15.05.1993	
110 314-2	KM 19019/SSW	30.10.1963	Köln-Deutzerfeld	Braunschweig	+ 31.07.2000	
110 315-9	KM 19020/SSW	06.12.1963	Köln-Deutzerfeld	München Hbf	+ 06.02.2006	
110 316-7	KM 19021/SSW	20.11.1963	Köln-Deutzerfeld	München Hbf	+ 16.03.2010	

Nummer	Hersteller	Abnahme	erstes Bw	letztes Bw	Datum	Verbleib
110 317-5	KM 19015/SSW	04.11.1963	Nürnberg Hbf	Kiel	+ 19.11.2004	
110 318-3	KM 19023/SSW	07.12.1963	Köln-Deutzerfeld		U 11.12.2005	115 318-8
110 319-1	KM 19024/SSW	05.12.1963	Köln-Deutzerfeld	Stuttgart	+ 07.06.2004	
110 320-9	KM 19025/SSW	11.12.1963	Köln-Deutzerfeld	München Hbf	+ 01.11.2011	
110 321-7	KM 19026/SSW	16.12.1963	Köln-Deutzerfeld	Dortmund Bbf	+ 23.04.2009	
110 322-3	KM 19027/SSW	24.12.1963	Köln-Deutzerfeld	München Hbf	+ 25.03.2010	
110 323-3	KM 19016/SSW	16.10.1963	Köln-Deutzerfeld		U 10.12.2005	115 323-8
110 324-1	KM 19029/SSW	22.01.1964	München Hbf	Dortmund Bbf	+ 17.01.2011	
110 325-8	KM 19030/SSW	24.01.1964	München Hbf	Dortmund Bbf	+ 26.04.2010	
110 326-6	KM 19031/SSW	05.02.1964	Dortmund Bbf	Trier	+ 03.07.2012	
110 327-4	KM 19017/SSW	21.10.1963	Köln-Deutzerfeld		U 11.12.2005	115 327-9
110 328-2	KM 19033/SSW	21.02.1964	Hannover	Braunschweig	+ 19.07.2007	
110 329-0	KM 19034/SSW	12.03.1964	Heidelberg	Dortmund Bbf	+ 18.01.2011	
110 330-8	KM 19035/SSW	24.03.1964	Heidelberg	Braunschweig	+ 02.01.2006	
110 331-6	KM 19036/SSW	23.04.1964	Frankfurt/Main 1		U 30.04.2008	115 331-1
110 332-4	KM 19037/SSW	13.05.1964	Frankfurt/Main 1		U 30.04.2008	115 332-9
110 333-2	KM 19038/SSW	23.05.1964	Stuttgart	München Hbf	+ 08.04.2011	
110 334-0	KM 19039/SSW	09.06.1964	Stuttgart	Frankfurt/Main 1	+ 15.12.2000	
110 335-7	KM 19040/SSW	16.06.1964	Nürnberg Hbf	Trier	+ 07.10.2005	
110 336-5	KM 19041/SSW	21.07.1964	Frankfurt/Main 1		U 10.12.2005	115 336-0
110 337-3	KM 19042/SSW	22.07.1964	München Hbf	Köln-Deutzerfeld	+ 12.06.2008	
110 338-4	KM 19043/SSW	31.07.1964	Nürnberg Hbf	Dortmund Bbf	+ 18.01.2007	
110 339-3	KM 19044/SSW	19.08.1964	Nürnberg Hbf	Dortmund Bbf	+ 07.11.2008	
110 340-7	KM 19045/SSW	04.09.1964	Dortmund Bbf	Dortmund Bbf	+ 04.01.2008	
110 341-5	KM 19046/SSW	16.09.1964	Nürnberg Hbf	Braunschweig	+ 02.05.2005	
110 342-3	KM 19047/SSW	22.09.1964	München Hbf	Frankfurt/Main 1	+ 31.08.1998	
110 343-1	KM 19048/SSW	30.09.1964	München Hbf	Dortmund Bbf	+ 19.01.2011	
110 344-9	KM 19049/SSW	12.10.1964	München Hbf	Dortmund Bbf	+ 16.05.2012	
110 345-6	KM 19050/SSW	16.10.1964	München Hbf	München Hbf	+ 27.03.2006	
110 346-4	KM 19051/SSW	23.10.1964	München Hbf		U 10.12.2005	115 346-9
110 347-2	KM 19052/SSW	29.10.1964	Nürnberg Hbf	München Hbf	+ 18.01.2011	
110 348-0	KM 19053/SSW	11.11.1964	Nürnberg Hbf	Frankfurt/Main 1	+ 03.01.2006	DB Museum, Koblenz
110 349-8	KM 19054/SSW	17.11.1964	Hannover	Braunschweig	+ 19.09.2003	
110 350-6	KM 19055/SSW	19.11.1964	Hannover		U 10.12.2005	115 350-1
110 351-4	KM 19056/SSW	30.11.1964	Hannover	Dortmund Bbf	+ 27.04.2010	
110 352-2	KM 19057/SSW	04.12.1964	Hannover	Dortmund Bbf	+ 20.10.2011	
110 353-0	KM 19058/SSW	10.12.1964	Hannover	Berlin-Rummelsburg	+ 07.01.2008	
110 354-8	KM 19059/SSW	15.12.1964	Hannover	Berlin-Rummelsburg	+ 07.01.2008	
110 355-5	KM 19060/SSW	11.01.1965	Hannover		U 10.12.2005	115 355-0
110 356-3	KM 19061/SSW	13.01.1965	Hannover	Köln-Deutzerfeld	+ 14.10.2008	
110 357-1	KM 19062/SSW	15.01.1965	Hannover	Köln-Deutzerfeld	+ 29.11.2004	
110 358-9	KM 19063/SSW	26.01.1965	Hannover	Braunschweig	+ 27.09.2005	

Nummer	Hersteller	Abnahme	erstes Bw	letztes Bw	Datum	Verbleib
110 359-7	KM 19064/SSW	02.02.1965	Hannover	Dortmund Bbf	+ 24.10.2008	
110 360-5	KM 19065/SSW	08.02.1965	Hannover	Dortmund Bbf	+ 18.03.2009	
110 361-3	KM 19136/SSW	09.04.1965	Hamburg-Eidelstedt	Köln-Deutzerfeld	+ 15.12.2005	
110 362-1	KM 19137/SSW	18.03.1965	Hannover	Köln-Deutzerfeld	+ 10.07.2009	
110 363-9	KM 19138/SSW	09.04.1965	Hamburg-Eidelstedt	München Hbf	+ 18.03.2010	
110 364-7	KM 19139/SSW	09.04.1965	Hamburg-Eidelstedt	Braunschweig	+ 15.12.2000	
110 365-4	KM 19140/SSW	09.04.1965	Hamburg-Eidelstedt	Köln-Deutzerfeld	+ 06.11.2006	
110 366-2	KM 19141/SSW	15.04.1965	Hamburg-Eidelstedt	Köln-Deutzerfeld	+ 25.06.2007	
110 367-0	KM 19142/SSW	23.04.1965	Hamburg-Eidelstedt	Köln-Deutzerfeld	+ 26.03.2008	
110 368-8	KM 19143/SSW	30.04.1965	Hamburg-Eidelstedt	Köln-Deutzerfeld	+ 11.11.2008	
110 369-6	KM 19144/SSW	28.04.1965	Hamburg-Eidelstedt	Freiburg	+ 04.04.2005	
110 370-4	KM 19145/SSW	28.04.1965	Hamburg-Eidelstedt	Köln-Deutzerfeld	+ 10.11.2006	
110 371-2	KM 19146/SSW	11.05.1965	Hamburg-Eidelstedt	Braunschweig	+ 01.02.2001	
110 372-0	KM 19147/SSW	11.05.1965	Hamburg-Eidelstedt	Braunschweig	+ 14.05.2001	
110 373-8	KM 19148/SSW	14.05.1965	Hamburg-Eidelstedt	Köln-Deutzerfeld	+ 25.03.2010	
110 374-6	KM 19149/SSW	17.05.1965	Hamburg-Eidelstedt	Köln-Deutzerfeld	+ 17.07.2009	
110 375-3	KM 19150/SSW	21.05.1965	Köln-Deutzerfeld	Braunschweig	+ 29.04.2005	
110 376-1	KM 19151/SSW	26.05.1965	Hamburg-Eidelstedt		U 29.03.2009	115 376-6
110 377-9	KM 19152/SSW	26.05.1965	Hamburg-Eidelstedt	Dortmund Bbf	+ 02.09.2010	
110 378-7	KM 19153/SSW	11.06.1965	Köln-Deutzerfeld	Berlin-Rummelsburg	+ 07.01.2008	
110 379-5	KM 19154/SSW	14.06.1965	Hamburg-Eidelstedt	Dortmund Bbf	+ 24.08.2006	
110 380-3	KM 19155/SSW	29.06.1965	Köln-Deutzerfeld	Köln-Deutzerfeld	+ 20.03.2010	
110 381-1	KM 19156/SSW	28.06.1965	Hamburg-Eidelstedt	Berlin-Rummelsburg	+ 23.07.2008	
110 382-9	KM 19157/SSW	09.07.1965	Hamburg-Eidelstedt	Köln-Deutzerfeld	+ 05.12.2008	
110 383-7	KM 19158/SSW	15.07.1965	Frankfurt-Griesheim		U 11.12.2005	115 383-2
110 384-5	KM 19159/SSW	27.07.1965	Frankfurt-Griesheim	Freiburg	+ 00.00.2004	
110 385-2	KM 19160/SSW	30.07.1965	Heidelberg	Braunschweig	+ 15.11.2000	28.08.1989 – 30.10.1997: 751 001-9
110 386-0	KM 19161/SSW	06.08.1965	Frankfurt-Griesheim	Brunschweig	+ 15.11.2000	
110 387-8	KM 19162/SSW	18.08.1965	Frankfurt-Griesheim	Köln-Deutzerfeld	+ 04.01.2008	
110 388-6	KM 19163/SSW	26.08.1965	Stuttgart	Stuttgart	+ 30.09.2004	
110 389-4	KM 19164/SSW	07.09.1965	München Hbf	Dortmund Bbf	+ 02.07.2007	
110 390-2	KM 19165/SSW	17.09.1965	München Hbf	Frankfurt/Main 1	+ 29.01.1993	
110 391-0	KM 19166/SSW	28.09.1965	München Hbf	Dortmund Bbf	+ 20.02.2007	
110 392-8	KM 19167/SSW	05.10.1965	Köln-Deutzerfeld	Köln-Deutzerfeld	+ 20.08.2007	
110 393-6	KM 19168/SSW	15.10.1965	Stuttgart	Dortmund Bbf	+ 15.01.2001	
110 394-4	KM 19169/SSW	05.11.1965	Stuttgart	Dortmund Bbf	+ 26.01.2007	
110 395-1	KM 19170/SSW	08.11.1965	München Hbf	Dortmund Bbf	+ 15.11.2006	
110 396-9	KM 19171/SSW	16.11.1965	Frankfurt-Griesheim	Braunschweig	+ 08.03.2012	
110 397-7	KM 19172/SSW	22.11.1965	Heidelberg	Dortmund Bbf	+ 13.12.2005	
110 398-5	KM 19173/SSW	09.12.1965	Heidelberg	Dortmund Bbf	+ 12.01.2011	
110 399-3	KM 19174/SSW	15.12.1965	Köln-Deutzerfeld	Dortmund Bbf	+ 15.01.2007	
110 400-9	KM 19175/SSW	22.12.1965	Köln-Deutzerfeld	Stuttgart	+ 21.09.2007	
110 401-7	KM 19176/SSW	05.01.1966	Dortmund Bbf	Ludwigshafen (Rhein)	+ 25.06.2013	

Nummer	Hersteller	Abnahme	erstes Bw	letztes Bw	Datum	Verbleib
110 402-5	KM 19177/SSW	22.01.1966	Frankfurt-Griesheim	Dortmund Bbf	+ 07.02.2013	
110 403-3	KM 19178/SSW	28.01.1966	Frankfurt-Griesheim	Braunschweig	+ 09.08.2011	
110 404-1	KM 19179/SSW	11.02.1966	Frankfurt-Griesheim	Dortmund Bbf	+ 03.03.2012	
110 405-8	KM 19180/SSW	15.02.1966	Frankfurt-Griesheim	Frankfurt/Main 1	+ 25.02.2009	
110 406-6	KM 19181/SSW	02.03.1966	Dortmund Bbf	Frankfurt/Main 1	+ 02.12.2013	
110 407-4	KM 19182/SSW	09.03.1966	Hamburg-Eidelstedt	Frankfurt/Main	+ 26.02.2007	
110 408-2	KM 19183/SSW	16.03.1966	Hamburg-Eidelstedt	Stuttgart	+ 10.12.2009	
110 409-0	KM 19184/SSW	28.03.1966	Hamburg-Eidelstedt	Frankfurt/Main 1	+ 05.07.2013	
110 410-8	KM 19185/SSW	04.04.1966	Hamburg-Eidelstedt	Dortmund Bbf	+ 15.05.2013	
110 411-6	KM 19186/SSW	14.04.1966	Köln-Deutzerfeld	Frankfurt/Main 1	+ 14.02.2010	
110 412-4	KM 19187/SSW	26.04.1966	Köln-Deutzerfeld	Dortmund Bbf	+ 23.01.2007	
110 413-2	KM 19188/SSW	03.05.1966	Köln-Deutzerfeld	Dortmund Bbf	+ 13.06.2008	
110 414-0	KM 19189/SSW	10.05.1966	Dortmund Bbf	Dortmund Bbf	+ 30.07.2009	
110 415-7	KM 19190/SSW	24.05.1966	Dortmund Bbf	Dortmund Bbf	+ 20.10.2012	
110 416-5	KM 19191/SSW	26.05.1966	Dortmund Bbf	Stuttgart	+ 06.11.2013	
110 417-3	KM 19192/SSW	07.06.1966	Köln-Deutzerfeld	Dortmund Bbf	+ 14.03.2012	
110 418-1	KM 19193/SSW	20.06.1966	Köln-Deutzerfeld	Stuttgart	+ 06.11.2013	
110 419-9	KM 19194/SSW	28.06.1966	Köln-Deutzerfeld	Dortmund Bbf	+ 28.03.2006	
110 420-7	KM 19195/SSW	01.07.1966	Dortmund Bbf	Köln-Deutzerfeld	+ 12.02.2010	
110 421-5	KM 19196/SSW	12.07.1966	Dortmund Bbf	Dortmund Bbf	+ 31.01.1998	
110 422-3	KM 19197/SSW	22.07.1966	Dortmund Bbf	Dortmund Bbf	+ 31.08.1994	
110 423-1	KM 19198/SSW	04.08.1966	Köln-Deutzerfeld	Dortmund Bbf	+ 27.10.2009	
110 424-9	KM 19199/SSW	10.08.1966	Köln-Deutzerfeld	Stuttgart	+ 20.12.2007	
110 425-6	KM 19200/SSW	26.08.1966	Köln-Deutzerfeld	Dortmund Bbf	+ 21.06.2012	
110 426-4	KM 19201/SSW	25.08.1966	Dortmund Bbf	Dortmund Bbf	+ 05.07.2011	
110 427-2	KM 19202/SSW	05.06.1966	Dortmund Bbf	Dortmund Bbf	+ 06.07.2013	
110 428-0	KM 19203/SSW	14.09.1966	Frankfurt-Griesheim	Frankfurt/Main 1	+ 28.04.2016	TRI Train Rental
110 429-8	KM 19204/SSW	22.09.1966	Frankfurt-Griesheim	Dortmund Bbf	+ 20.08.2012	
110 430-6	KM 19205/SSW	05.10.1966	Köln-Deutzerfeld	Frankfurt/Main 1	+ 16.10.2009	
110 431-4	KM 19206/SSW	13.10.1966	Köln-Deutzerfeld	Frankfurt/Main 1	+ 24.06.2013	
110 432-2	KM 19207/SSW	26.10.1966	Heidelberg	Frankfurt/Main 1	+ 10.11.2013	
110 433-0	KM 19208/SSW	28.10.1966	Heidelberg	Offenberug	+ 01.07.1970	
110 434-8	KM 19209/SSW	10.11.1966	München Hbf	Frankfurt/Main 1	+ 14.05.2013	
110 435-5	KM 19210/SSW	21.11.1966	Köln-Deutzerfeld	Dortmund Bbf	+ 15.05.2013	
110 436-3	KM 19211/SSW	01.12.1966	Köln-Deutzerfeld	Dortmund Bbf	+ 26.06.2013	
110 437-1	KM 19212/SSW	16.12.1966	Dortmund Bbf	Frankfurt/Main 1	+ 23.06.2013	
110 438-9	KM 19213/SSW	23.12.1966	Dortmund Bbf	Dortmund Bbf	+ 15.04.2013	
110 439-7	KM 19214/SSW	03.01.1967	Dortmund Bbf	Frankfurt/Main 1	+ 20.06.2007	
110 440-5	KM 19215/SSW	23.01.1967	Dortmund Bbf	München Hbf	+ 28.03.2011	
110 441-3	KM 19216/SSW	26.01.1967	Frankfurt-Griesheim	Frankfurt/Main 1	+ 28.03.2014	
110 442-1	KM 19217/SSW	02.02.1967	Frankfurt-Griesheim	Frankfurt/Main 1	+ 19.06.2007	
110 443-9	KM 19218/SSW	09.02.1967	Frankfurt-Griesheim	Frankfurt/Main 1	+ 14.12.2011	

Nummer	Hersteller	Abnahme	erstes Bw	letztes Bw	Datum	Verbleib
110 444-7	KM 19219/SSW	22.02.1967	Nürnberg Hbf	Frankfurt/Main 1	+ 20.05.2010	
110 445-4	KM 19220/SSW	24.02.1967	Nürnberg Hbf	Stuttgart	+ 19.09.2007	
110 446-2	KM 19221/SSW	09.03.1967	Nürnberg Hbf	Stuttgart	+ 06.11.2013	
110 447-0	KM 19222/SSW	17.03.1967	Nürnberg Hbf	Dortmund Bbf	+ 31.01.2012	
110 448-8	KM 19223/SSW	04.04.1967	Nürnberg Hbf		U 11.12.2005	115 448-3
110 449-6	KM 19224/SSW	19.04.1967	München Hbf	Dortmund Bbf	+ 06.10.2012	
110 450-4	KM 19225/SSW	26.04.1967	München Hbf	Dortmund Bbf	+ 31.07.2009	
110 451-2	KM 19226/SSW	08.05.1967	Frankfurt-Griesheim	Braunschweig	+ 26.07.2011	
110 452-0	KM 19227/SSW	18.05.1967	Frankfurt/Main 1	Dortmund Bbf	+ 20.03.2012	
110 453-8	KM 19228/SSW	30.05.1967	Frankfurt/Main 1	Braunschweig	+ 07.07.2009	
110 454-6	KM 19229/SSW	15.06.1967	Heidelberg	Braunschweig	+ 26.07.2011	
110 455-3	KM 19230/SSW	29.06.1967	Dortmund Bbf	Dortmund Bbf	+ 22.11.2011	
110 456-1	KM 19231/SSW	23.06.1967	Dortmund Bbf	Dortmund Bbf	+ 23.12.2010	
110 457-9	KM 19232/SSW	06.07.1967	Köln-Deutzerfeld	Dortmund Bbf	+ 19.09.2016	
110 458-7	KM 19233/SSW	17.07.1967	Köln-Deutzerfeld	Stuttgart	+ 05.09.2007	
110 459-5	KM 19234/SSW	28.07.1967	Köln-Deutzerfeld		U 10.12.2005	115 459-0
110 460-3	KM 19235/SSW	02.08.1967	Köln-Deutzerfeld	Stuttgart	+ 27.08.2009	
110 461-1	KM 19236/SSW	11.08.1967	Köln-Deutzerfeld	Dortmund Bbf	+ 30.10.1996	
110 462-9	KM 19237/SSW	25.08.1967	Köln-Deutzerfeld	Dortmund Bbf	+ 11.06.2012	
110 463-7	KM 19238/SSW	11.19.1967	Köln-Deutzerfeld	Dortmund Bbf	+ 19.03.2012	
110 464-5	KM 19239/SSW	20.09.1967	Hamburg-Eidelstedt	Dortmund Bbf	+ 15.06.2012	
110 465-2	KM 19240/SSW	03.10.1967	Hamburg-Eidelstedt	Braunschweig	+ 23.12.2010	
110 466-0	Hen 31032/SSW	28.03.1966	Hamburg-Eidelstedt	Braunschweig	+ 13.01.2011	
110 467-8	Hen 31033/SSW	13.04.1966	Dortmund Bbf	Dortmund Bbf	+ 27.07.2006	
110 468-9	Hen 31034/SSW	18.05.1966	Köln-Deutzerfeld	Braunschweig	+ 25.09.2012	DB Regio (BSW-Freizeitgruppe Die Bügelfalte 110 488-4)
110 469-7	Hen 31035/SSW	27.05.1966	Köln-Deutzerfeld	Dortmund Bbf	+ 29.10.2015	
110 470-2	Hen 31036/SSW	19.07.1966	Dortmund Bbf	Dortmund Bbf	+ 09.10.2012	
110 471-0	Hen 31037/SSW	03.08.1966	Köln-Deutzerfeld	Stuttgart	+ 31.07.2008	
110 472-8	Hen 31038/SSW	13.09.1966	Dortmund Bbf	Braunschweig	+ 27.10.2010	
110 473-6	Hen 31039/SSW	16.09.1966	Köln-Deutzerfeld	Braunschweig	+ 19.01.2011	
110 474-4	Hen 31040/SSW	17.11.1966	Köln-Deutzerfeld	Dortmund Bbf	+ 20.04.2009	
110 475-1	Hen 31041/SSW	18.11.1966	Dortmund Bbf	Braunschweig	+ 23.01.2008	
110 476-9	Hen 31042/SSW	29.12.1966	Dortmund Bbf	Braunschweig	+ 12.09.2006	
110 477-7	KM 19242/SSW	27.10.1967	Hamburg-Eidelstedt	Dortmund Bbf	+ 31.03.1985	
110 478-5	KM 19343/SSW	10.11.1967	Hamburg-Eidelstedt	Stuttgart	+ 07.09.2007	
110 479-3	KM 19344/SSW	21.11.1967	Köln-Deutzerfeld	Braunschweig	+ 23.11.2010	
110 480-1	KM 19345/SSW	04.12.1967	Köln-Deutzerfeld	Dortmund Bbf	+ 07.12.2012	
110 481-9	KM 19346/SSW	13.12.1967	Köln-Deutzerfeld	Dortmund Bbf	+ 11.09.2007	
110 482-7	KM 19347/SSW	28.12.1967	Köln-Deutzerfeld	Dortmund Bbf	+ 18.11.2008	
110 483-5	KM 19348/SSW	25.01.1968	Dortmund Bbf	Stuttgart	+ 06.11.2013	
110 484-3	KM 19353/SSW	02.02.1968	Dortmund Bbf	Stuttgart	+ 06.11.2013	

Nummer	Hersteller	Abnahme	erstes Bw	letztes Bw	Datum	Verbleib
110 485-0				Braunschweig	+ 22.07.2008	
110 486-8				Dortmund Bbf	+ 12.09.2011	
110 487-6				Dortmund Bbf	+ 12.12.2012	
110 488-4				Dortmund Bbf	+ 09.08.2012	DB Regio (BSW – Freizeitgruppe Die Bügelfalte 110 488-4)
110 489-2				Dortmund Bbf	+ 17.04.2013	
110 490-0				Dortmund Bbf	+ 17.03.2012	
110 491-8				Dortmund Bbf	+ 08.12.2014	BahnTouristikExpress (BTE)
110 492-6				Dortmund Bbf	+ 04.03.2008	
110 493-4				Dortmund Bbf	+ 22.05.2013	
110 494-2				Dortmund Bbf	+ 09.09.2011	
110 495-9				Braunschweig	+ 21.12.2010	
110 496-7				Dortmund Bbf	+ 14.06.2008	
110 497-5				Dortmund Bbf	+ 08.02.2013	
110 498-3				Stuttgart	+ 24.09.2007	
110 499-1				Frankfurt/Main 1	+ 12.03.2007	
110 500-6				Braunschweig	+ 31.05.2011	
110 501-4				Dortmund Bbf	+ 30.10.2009	
110 502-2				Stuttgart	+ 03.09.2007	
110 503-0				Stuttgart	+ 26.08.2009	
110 504-8				Dortmund Bbf	+ 18.01.2011	
110 505-5	KM 19370/SSW	18.12.1968	Köln-Deutzerfeld	Braunschweig	+ 09.09.2010	
110 506-3	KM 19371/SSW	23.12.1968	Köln-Deutzerfeld	Braunschweig	+ 23.11.2010	
110 507-1	KM 19372/SSW	16.01.1969	Köln-Deutzerfeld	Braunschweig	+ 31.05.2011	
110 508-9	KM 19373/SSW	06.02.1969	Köln-Deutzerfeld	Stuttgart	+ 05.12.2012	
110 509-7	KM 19374/SSW	18.02.1969	Hamburg-Eidelstedt		U 10.12.2005	115 509-2
110 510-5	KM 19375/SSW	10.03.1969	Hamburg-Eidelstedt	Dortmund Bbf	+ 20.10.2008	
110 511-3		17.05.1985		Werk Dessau	+ 15.12.2000	ex 139 134-1, Pressnitztalbahn (PRESS)
112 265-4	KM 18924/SSW	29.10.1962	Heidelberg		U 01.01.1991	113 265-3
112 266-2	KM 18925/SSW	23.11.1962	Heidelberg		U 01.01.1991	113 266-1
112 267-0	KM 18926/SSW	12.12.1962	Heidelberg		U 01.01.1991	113 267-9
112 268-8	KM 18927/SSW	10.01.1963	Heidelberg		U 01.01.1991	113 268-7
112 269-5	KM 18938/SSW	14.03.1963	Heidelberg		U 01.01.1991	113 269-5
112 270-3	KM 18939/SSW	21.03.1963	Heidelberg		U 01.01.1991	113 270-3
112 308-2	KM 18977/SSW	21.10.1963	Nürnberg Hbf		U 01.01.1991	113 308-1
112 309-0	KM 19014/SSW	11.11.1963	Nürnberg Hbf		U 01.01.1991	113 309-9
112 310-8	KM 19022/SSW	28.11.1963	Nürnberg Hbf		U 01.01.1991	113 310-7
112 311-6	KM 19028/SSW	08.01.1964	Nürnberg Hbf		U 01.01.1991	113 311-5
112 312-4	KM 19032/SSW	13.02.1964	Nürnberg Hbf		U 01.01.1991	113 312-3
112 485-8	KM 19350/SSW	26.02.1968	Heidelberg		U 01.01.1988	114 485-6
112 486-6	KM 19351/SSW	15.03.1968	Heidelberg		U 01.01.1988	114 486-4

Nummer	Hersteller	Abnahme	erstes Bw	letztes Bw	Datum	Verbleib
112 487-4	KM 19352/SSW	19.03.1968	Heidelberg		U 01.01.1988	114 487-2
112 488-2	KM 19353/SSW	05.04.1968	Frankfurt/Main 1		U 01.01.1988	114 488-0
112 489-0	KM 19354/SSW	17.04.1968	Frankfurt/Main 1		U 01.01.1988	114 489-8
112 490-8	KM 19355/SSW	30.04.1968	Frankfurt/Main 1		U 01.01.1988	114 490-6
112 491-6	KM 19356/SSW	20.05.1968	Frankfurt/Main 1		U 01.01.1988	114 491-4
112 492-4	KM 19357/SSW	31.05.1968	Frankfurt/Main 1		U 01.01.1988	114 492-2
112 493-2	KM 19358/SSW	25.06.1968	Frankfurt/Main 1		U 01.01.1988	114 493-0
112 494-0	KM 19359/SSW	03.07.1968	Frankfurt/Main 1		U 01.01.1988	114 494-8
112 495-7	KM 19360/SSW	19.07.1968	Frankfurt/Main 1		U 01.01.1988	114 495-5
112 496-5	KM 19361/SSW	23.08.1968	Frankfurt/Main 1		U 01.01.1988	114 496-3
112 497-3	KM 19362/SSW	16.08.1968	Frankfurt/Main 1		U 01.01.1988	114 497-1
112 498-1	KM 19363/SSW	05.09.1968	Frankfurt/Main 1		U 01.01.1988	114 498-9
112 499-9	KM 19364/SSW	23.09.1968	Frankfurt/Main 1		U 01.01.1988	114 499-7
112 500-4	KM 19365/SSW	01.10.1968	Frankfurt/Main 1		U 01.01.1988	114 500-2
112 501-2	KM 19366/SSW	25.10.1968	Frankfurt/Main 1		U 01.01.1988	114 501-0
112 502-0	KM 19367/SSW	06.11.1968	Frankfurt/Main 1		U 01.01.1988	114 502-8
112 503-8	KM 19368/SSW	21.11.1968	Frankfurt/Main 1		U 01.01.1988	114 503-6
112 504-6	KM 19369/SSW	04.12.1968	Frankfurt/Main 1		U 01.01.1988	114 504-4
113 265-3				München Hbf	+ 24.10.2002	
113 266-1				München	+ 30.04.2001	
113 267-9				Berlin-Rummelsburg	+ 22.08.2016	BayernBahn (BYB)
113 268-7				Berlin-Rummelsburg	+ __10.2014	TRI Train Rental
113 269-5				München Hbf	+ 15.01.2003	
113 270-3				München Hbf	+ 15.04.2004	
113 308-1				München	+ 23.12.2004	
113 309-9				Berlin-Rummelsburg	__10.2014	TRI Train Rental
113 310-7				München Hbf	+ 10.04.2000	
113 311-5				München Hbf	+ 08.02.2004	DB Museum, Koblenz
113 312-3				München Hbf	+ 10.09.2003	
114 485-6					U 02.05.1993	110 485-0
114 486-4					U 22.06.1993	110 486-8
114 487-2					U 04.05.1994	110 487-6
114 488-0					U 29.12.1993	110 488-4
114 489-8					U 06.07.1994	110 489-2
114 490-6					U 03.09.1993	110 490-0
114 491-4					U 15.09.1994	110 491-8
114 492-2					U 20.12.1994	110 492-6
114 493-0					U 21.02.1995	110 493-4
114 494-8					U 16.07.1991	110 494-2
114 495-5					U 30.03.1995	110 495-9

Nummer	Hersteller	Abnahme	erstes Bw	letztes Bw	Datum	Verbleib
114 496-3					U 06.02.1995	110 496-7
114 497-1					U 16.01.1995	110 497-5
114 498-9					U 19.12.1994	110 498-3
114 499-7					U 13.01.1995	110 499-1
114 500-2					U 24.06.1993	110 500-6
114 501-0					U 02.12.1994	110 501-4
114 502-8					U 01.07.1994	110 502-2
114 503-6					U 18.04.1994	110 503-0
114 504-4					U 04.11.1994	110 504-8
115 106-7				Berlin-Rummelsburg	+ 07.01.2008	
115 114-1				Berlin-Rummelsburg	+ 28.03.2019	DB Museum, Koblenz
115 116-6				Berlin-Rummelsburg	+ 22.09.2011	
115 148-9				Berlin-Rummelsburg	+ 06.09.2011	
115 152-1				Berlin-Rummelsburg	+ 10.03.2010	DB Museum, Koblenz
115 154-2				Berlin-Rummelsburg	+ 22.09.2011	
115 156-2				Berlin-Rummelsburg	+ 23.07.2008	
115 159-6				Berlin-Rummelsburg	+ 06.09.2011	
115 166-1				Berlin-Rummelsburg	+ 19.09.2012	
115 178-1				Berlin-Rummelsburg	+ 22.09.2011	
115 198-4				Berlin-Rummelsburg		TRI Train Rental
115 205-7				Berlin-Rummelsburg	+ 27.06.2017	
115 209-9				Berlin-Rummelsburg	+ 19.09.2012	
115 211-5				Berlin-Rummelsburg	+ 11.10.2011	
115 224-8				Berlin-Rummelsburg	+ 06.09.2011	
115 230-5				Berlin-Rummelsburg	+ 06.09.2011	
115 232-1				Berlin-Rummelsburg	+ 09.01.2008	
115 261-0				Berlin-Rummelsburg		(Schienenverkehrsges. SVG)
115 278-4				Berlin-Rummelsburg	+ 06.09 2016	Centralbahn, Basel
115 286-7				Berlin-Rummelsburg	+ 24.09.2008	
115 288-3				Berlin-Rummelsburg	+ 16.01.2008	
115 289-1				Berlin-Rummelsburg	+ 07.01.2009	
115 293-3				Berlin-Rummelsburg		(Schienenverkehrsges. SVG)
115 302-2				Berlin-Rummelsburg	+ 11.10.2011	
115 307-1				Berlin-Rummelsburg	+ 19.09.2012	
115 318-8				Berlin-Rummelsburg	+ 23.07.2008	
115 323-8				Berlin-Rummelsburg	+ 22.09.2011	
115 327-9				Berlin-Rummelsburg	+ 11.10.2011	
115 331-1				Berlin-Rummelsburg	+ 22.09.2011	
115 332-9				Berlin-Rummelsburg	+ 19.09.2012	
115 336-0				Berlin-Rummelsburg	+ 11.10.2011	
115 346-9				Berlin-Rummelsburg	+ 13.12.2017	

Nummer	Hersteller	Abnahme	erstes Bw	letztes Bw	Datum	Verbleib
115 350-1				Berlin-Rummelsburg	+ 24.01.2022	TeutoLok
115 353-5				Berlin-Rummelsburg	+ 07.01.2008	
115 354-3				Berlin-Rummelsburg	+ 07.01.2008	
115 355-0				Berlin-Rummelsburg	+ 06.09.2011	
115 376-6				Berlin-Rummelsburg	+ 11.10.2011	
115 378-2				Berlin-Rummelsburg	+ 07.01.2008	
115 381-6				Berlin-Rummelsburg	+ 23.07.2008	
115 383-2				Berlin-Rummelsburg	+ 06.09.2016	Centralbahn, Basel
115 448-3				Berlin-Rummelsburg	+ 01.01.2020	TRI Train Rental
115 459-0				Berlin-Rummelsburg	+ 12.09.2020	Ges. für Fahrzeugtechnik (GfF)
115 509-2				Berlin-Rummelsburg	+ 29.12.2020	Train4Train
139 122-6				Nürnberg	+ 11.11.2009	
139 134-1					U 19.04.1985	110 511-3
139 139-0				Nürnberg	+ 04.04.2003	
139 145-7				Nürnberg	+ 09.08.2010	
139 157-2				Nürnberg	+ 09.08.2010	
139 172-1				Nürnberg	z 22.12.2008	
139 177-0					14.12.2004	Lokomotion (LM)
139 213-3					24.08.2007	Lokomotion (LM)
139 214-1				Nürnberg	+ 15.05.2006	
139 222-4				Nürnberg		TRI Train Rental
139 246-3				Nürnberg	+	
139 250-5				Nürnberg	+ 22.09.2010	
139 255-4				Nürnberg	+ 22.09.2010	
139 260-4				Nürnberg	18.07.2007	Lokomotion (LM)
139 262-0				Nürnberg		BayernBahn (BYB)
139 264-6				Nürnberg	+ 09.08.2010	
139 283-6				Nürnberg	z 02.04.2009	
139 285-1				Nürnberg	+ 17.12 2011	Eisenbahnges. Potsdam (EGP)
139 287-7				Nürnberg	07.10.2011	BayernBahn (BYB)

	1957	1958	1959	1960	1961	1962	1963	1964	1965	1966	1967	1968	1969	1970	1971	1972	1973	1974	1975	1976	1977
Augsburg								1	1	1	1	1									
Braunschweig																					
Dortmund Bbf		3	11	13	17	19	23	29	29	46	55	55	54	55	73	65	69	69	69	93	89
Frankfurt (Main) 1	10	20	22	22	33	32	34	34	34	34	61	35	34	34	18	29	29	27	51	57	53
Frankfurt-Griesheim								8	15	21											
Freiburg (Breisgau)																					
Hamburg-Eidelstedt									52	57	59	61	67	67	67	62	55	52	49	53	70
Hannover							19	26													
Heidelberg	15	41	40	38	38	38	37	41	43	44	45	49	20								
Karlsruhe		3																			
Kiel																					
Koblenz		16																			
Köln-Deutzerfeld			24	24	26	29	37	35	39	57	65	87	89	88	86	87	87	86	89	96	94
Ludwigshafen																					
Mainz		12																			
München						7	9	15	20	22	24	26	26	27	27	27	27	63	63	14	8
Nürnberg						4	16	22	21	21	26	26	26	26	26	26	29	1			
Offenburg	7												28	46	46	44	44	33			
Saarbrücken																					
Stuttgart	2	17	18	20	24	24	27	32	35	35	35	35	35	35	35	38	38	47	57	65	64
Trier																					
DB Systemtechnik																					
DB AutoZug																					
Werk Dessau																					
Zugang	34	78	3	2	21	15	49	41	46	49	33	4	4	0	0	0	0	0	0	0	0
Abgang	0	0	0	0	0	0	0	0	0	0	0	0	0	1	0	0	0	0	0	0	0
Summe	34	112	115	117	138	153	202	243	289	338	371	375	379	378	378	378	378	378	378	378	378

	1978	1979	1980	1981	1982	1983	1984	1985	1986	1987	1988	1989	1990	1991	1992	1993	1994	1995	1996	1997	1998
Augsburg																					
Braunschweig																					
Dortmund Bbf	90	125	121	121	121	115	121	121	121	121	121	121	121	121	121	121	117	91	67	68	55
Frankfurt (Main) 1	53	53	57	57	57	54	58	57	57	57	52	56	56	56	56	55	52	63	57	58	70
Frankfurt-Griesheim																					
Freiburg (Breisgau)																					
Hamburg-Eidelstedt	77	47	47	47	47	45	45	47	47	47	47	46	46	47	47	48	59	65	67	67	73
Hannover																					
Heidelberg																					
Karlsruhe																					
Kiel																					
Koblenz																					
Köln-Deutzerfeld	94	89	89	89	89	84	84	89	89	89	89	89	89	89	89	88	84	86	84	82	64
Ludwigshafen																					
Mainz																					
München																					
Nürnberg																					
Offenburg																					
Saarbrücken											4								29	30	39
Stuttgart	64	64	64	64	64	80	70	64	64	64	64	64	64	64	64	64	62	69	69	69	70
Trier																					
DB Systemtechnik												1	1	1	1	1	1	1	1		
DB AutoZug																					
Werk Dessau																					
Zugang	0	0	0	0	0	0	0	0	0	0	0	0	0	1	1	5	9	5	0	0	0
Abgang	0	0	0	0	0	0	0	0	0	0	1	0	0	0	0	6	11	5	1	0	3
Summe	378	378	378	378	378	378	378	378	378	378	377	377	377	378	378	377	375	375	374	374	371

	2000	2001	2002	2003	2004	2005	2006	2007	2008	2009	2010	2011	2012	2013	2014	2015	2016	2017	2018	2018
Augsburg																				
Braunschweig	85	63	62	60	48	32	32	32	29	33	15	2								
Dortmund Bbf	33	28	29	28	37	49	39	28	18	21	32	30	22	4						
Frankfurt (Main) 1	62	43	41	40	40	32	28	25	20	19										
Frankfurt-Griesheim											17	8								
Freiburg (Breisgau)			21	21	15	12														
Hamburg-Eidelstedt																				
Hannover																				
Heidelberg																				
Karlsruhe																				
Kiel		14	12	11	5															
Koblenz																				
Köln-Deutzerfeld	39	32	29	27	29	13	19	17	7	3										
Ludwigshafen										1	1	1								
Mainz																				
München		3	28	27	33	17	16	15	30	12	3									
Nürnberg																				
Offenburg																				
Saarbrücken	42	42	28																	
Stuttgart	90	74	44	43	35	32	28	15	9	4	4	5	5	1						
Trier				25	12	6	6	6	4	3	4	2								
DB Systemtechnik					1	1	1	1	1	1	1	1	1	1	1	1	1			
DB AutoZug						31	34	36	28	32	31	16	12	12	10	9	8	8	7	2
Werk Dessau						1	1	1	1	1	1	1	1							
Zugang	0	0	0	0	0	1	0	1	0	0	0	0	0	0	0	0	0	0	0	0
Abgang	20	52	14	12	27	29	22	29	28	17	21	43	25	23	7	1	1	1	1	5
Summe	351	299	294	282	255	226	204	176	147	130	109	66	41	18	11	10	9	8	7	2

Am 14. Januar 1989 befördert die 110 262 einen langen Postzug bei Karlsruhe-Durlach in Richtung Karlsruhe Hbf. | *Foto: M. Dostal*

7.3 Bestand Baureihe 112

	1962	1963	1964	1965	1966	1967	1968	1971	1972	1978	1979	1991	1992	1993	1994	1995	1996
Berlin-Rummelsburg																	
Braunschweig																	
Dortmund									31	31				1	2	2	2
Frankfurt (Main) 1							31	31								1	1
Hamburg-Eidelstedt											31	31	4	16	10	5	5
Heidelberg	4	6	6	6	6	11											
Kiel																	
Köln-Deutzerfeld														3	7	7	7
München													11	11	11	11	11
Nürnberg		4	5	5	5												
Saarbrücken																	
Stuttgart													16		1	5	5
DB Regio Nord																	
Zugang	4	10	1	0	0	0	20	0	0	0	0	0	0	0	0	0	0
Abgang	0	0	0	0	0	0	0	0	0	0	0	0	0	0	0	0	0
Summe	4	10	11	11	11	11	31	31	31	31	31	31	31	31	31	31	31

	1997	1998	1999	2000	2001	2002	2003	2004	2005	2006	2007	2008	2009	2010	2011	2012	2013
Berlin-Rummelsburg										2	3	3	3	3	1		2
Braunschweig			9	11	12	11	11	11	11	9	9	8	8	4			
Dortmund	2	5	4						2	5	6	2	4	6	6	4	1
Frankfurt (Main) 1	1	1	1	1	2	2	2	2	2	1							
Hamburg-Eidelstedt	5	9															
Heidelberg																	
Kiel					1	2	2	2									
Köln-Deutzerfeld	5	1															
München	11	11	11	10	9	8	7	7	3	1	1	3					
Nürnberg																	
Saarbrücken	1	1	2	1													
Stuttgart	6	3	4	7	5	5	5	5	5	5	2	1					
DB Regio Nord															1	1	1
Zugang	0	0	0	0	0	0	0	0	0	0	0	0	0	0	0	0	0
Abgang	0	0	0	1	1	1	1	1	4	0	3	4	2	2	5	3	1
Summe	31	31	31	30	29	28	27	27	23	23	21	17	15	13	8	5	4

Die orientrote 110 217 hat am 28. Mai 1993 mit dem aus nur drei Wagen bestehenden Ersatz-EC 158 »Uetliberg« den Bahnhof von Böblingen erreicht. Der planmäßige Schweizer Triebwagen RABe war an diesem Tag nicht unterwegs. | *Foto: M. Dostal*

WEITERE INTERESSANTE BÜCHER ZUM THEMA

Der Taurus ist das Erfolgsmodell unter den modernen Elektroloks, von dem bislang mehr als 500 Exemplare gefertigt wurden. Werner Kurtz hat in diesem Band die Geschichte, Konstruktion und Technik der erfolgreichen Loktype niedergeschrieben.
176 Seiten, 250 Abbildungen, 210x242 mm
ISBN 978-3-613-71708-4
€ 34,90 | € (A) 35,90

Die Entwicklung der Elektrolok der Baureihe 120 löste eine Revolution in der Antriebstechnik aus: Von nun nutzten neue Elektroloks fast ausschließlich die Drehstrom-Antriebstechnik. Karl-Gerhard Haas berichtet über Entwicklung, Bau und Geschichte Baureihe 120.
176 Seiten, 300 Abbildungen, 230x265 mm
ISBN 978-3-613-71616-2
€ 29,90 | € (A) 30,80

Von den 20er-Jahren bis heute: Was immer der Eisenbahnliebhaber wissen will, in dieser Enzyklopädie wird er fündig. Nicht nur die wichtigsten technischen Daten, sondern auch, warum eine Baureihe entwickelt wurde und welchem Zweck sie dienen sollte. Illustriert wird das Ganze mit Bildern aus längst vergangenen Epochen.
304 Seiten, 570 Abbildungen, 240x290 mm
ISBN 978-3-613-71690-2
€ 49,90 | € (A) 51,30

Dieses Buch bietet kurze, prägnante Informationen über Entwicklung, Geschichte und Einsatz der wichtigsten deutschen Dieselloks sowie ihre technischen Daten. Dabei werden importierte Maschinen genauso wie die für Privatbahnen entwickelten und produzierten Loks vorgestellt.
144 Seiten, 150 Abbildungen, 170x240 mm
ISBN 978-3-613-71660-5
€ 19,95 | € (A) 20,60

Leseproben zu allen Titeln auf unserer Internetseite

Stand Juli 2024
Änderungen in Preis und Lieferfähigkeit vorbehalten.

Überall, wo es Bücher gibt, oder unter
www.transpress.de
Service-Hotline: 0711 / 78 99 21 51

www.facebook.com/MotorbuchVerlag